8
8
Hauptbahnhof
ALVA
9

Hans G. Nolden

Die Düsseldorfer Straßenbahn

Düsseldorfs Albert-Leo-Schlageter-Platz gegen Ende der dreißiger Jahre

Hans G. Nolden

Die Düsseldorfer Straßenbahn

Die Rheinische Bahngesellschaft und ihre Vorgänger

GeraMond

Titelbild:	Halt eines Zweiwagenzuges der Linie 20 Reeser Platz - Oberbilk im Jahre 1938 vor dem Benrather Hof auf der Königsallee in Düsseldorf
Abbildung Vorsatz:	Die Düsseldorf-Duisburger Kleinbahn ging zur Hälfte in der Rheinischen Bahngesellschaft auf. Die Aufnahme des Triebwagen 9 mit dem Beiwagen 53 entstand ungefähr 1937 in Duisburg-Hochfeld
Abbildung Nachsatz:	Bis in die sechziger Jahre hinein fuhren die Triebwagen der Serie, zu der auch der Wagen 577 gehört. Sie entstanden in den Jahren 1919 und 1921.

CIP-Einheitsaufnahme
Die Düsseldorfer Straßenbahn:
Die Rheinische Bahngesellschaft und ihre Vorgänger /
Hans G. Nolden. – 2. Auflage
München: GeraMond Verlag, 2000
ISBN 3-932785-02-9
NE: Nolden, Hans G.

ISBN 3-932785-02-9

2. durchgesehene und aktualisierte Auflage 2000

Lektorat: Manfred Grauer
Layout: Wolfgang Bergfeld
Herstellung: Frank Ladd
Druck: Graphische Betriebe Eberl GmbH, Immenstadt
Printed in Germany

Vorwort zur 2. Auflage

Ab Mitte des vorigen Jahrhunderts begann der Aufstieg Düsseldorfs von einer kleinen Residenzstadt zur heutigen modernen Hauptstadt des Bundeslands Nordrhein-Westfalen durch Ansiedlung von Industriebetrieben unterschiedlichster Art und Bildung von nationalen und internationalen Verwaltungszentren. Der Wunsch nach innerstädtischen schienengebundenen Verkehrsmitteln zur Beförderung der Bevölkerung zu den Arbeitsstellen, zum Einkauf, zum Besuch von Behörden und anderen Institutionen führte ab 1876 zur Errichtung erster Pferdeisenbahnlinien, die sich sehr bald über das ganze Stadtgebiet ausbreiteten und über 20 Jahre Bestand haben sollten. Ab 1896 begann die Elektrifizierung der vorhandenen Strecken, die bis 1900 zugleich mit der Einstellung des Pferdeeisenbahnbetriebs abgeschlossen wurde.

Auf dem links des Rheins gelegenen Gebiet begannen weitsichtige Persönlichkeiten die Ansiedlung von Industriebetrieben zu fördern und gründeten außerdem 1896 die Rheinische Bahngesellschaft AG zu Oberkassel mit dem Ziel, durch den Bau einer Rheinbrücke und die Errichtung von Fern- und Lokallinien der Straßenbahn dieses linksrheinische Hinterland völlig nach Düsseldorf auszurichten. Die Rheinische Bahngesellschaft AG und die Düsseldorfer Straßenbahn schlossen sich 1921 zu einem leistungsstarken Unternehmen zusammen, das fortan unter Rheinische Bahngesellschaft AG – im üblichen Sprachgebrauch auch nur Rheinbahn genannt – firmierte.
Von der Neuordnung vieler Verkehrswege in den Jahren nach dem Zweiten Weltkrieg mit vielen Stillegungen von Straßenbahnlinien und auch dem völligen Verschwinden der Straßenbahn in anderen Städten wurde Düsseldorf nur wenig tangiert. Bis auf den Wegfall des Mettmanner und des Benrather Netzes sowie der linksrheinischen Fernlinie nach Moers blieb das Grundgefüge des Düsseldorfer Netzes weitgehend erhalten.

Wo Straßenbahnlinien verschwanden, entstanden neue Linien, die im Untergrund verkehren. 1981 wurde die erste Untergrundstrecke mit drei Stadtbahnlinien eröffnet; weitere werden folgen, und der Oberflächenverkehr wird verstärkt auf eigenem Gleiskörper abgewickelt werden.

Mein Bestreben war es, die Entwicklung des Düsseldorfer Straßen- und Fernstraßenbahnnetzes seit seinen Anfängen im Jahre 1876 bis heute in diesem Buch für jedermann verständlich wiederzugeben. Angeregt hierzu wurde ich von Herrn Konrad Hierl aus München, Mitherausgeber des Straßenbahn-Magazins, der leider 1993 einem Mordanschlag zum Opfer fiel, und Herrn Peter Boehm aus Düsseldorf, Hobbyfotograf und großer Kenner der Düsseldorfer Straßenbahnszene, der im August 1996 verstorben ist und dem ich sehr verbunden war. Beiden Persönlichkeiten widme ich diese Arbeit.

Wenn auch die von mir benutzte Literatur sehr ausführlich war, so ist es dennoch vorstellbar, daß sich Fehler eingeschlichen haben könnten Selbstverständlich stelle ich mich sachlich begründeter Kritik und bin dankbar für Hinweise. Berichtigungen, die Aufnahme in diese 2. Auflage gefunden haben, verdanke ich den Herren Dieter Zeh und Clemens Schäfer, beide Düsseldorf.

Mein Dank gilt Herrn Siegfried Wüst, Kerpen, sowie den Mitarbeiterinnen und Mitarbeitern des Hauptstaatsarchivs in Düsseldorf, der Stadtbibliothek Düsseldorf und des Stadtarchivs in Duisburg für die Überlassung wertvollen Informationsmaterials. Ganz besonders danke ich Herrn Dieter Waltking, Düsseldorf, der sich der mühevollen Durchsicht und sachlichen Korrektur des Manuskripts unterzog.

Meckenheim, Sommer 1998/Januar 2000

Hans G. Nolden

Inhalt

1. Die Anfänge

Dort, wo die letzten Hügel des Bergischen Landes in die niederrheinische Tiefebene übergehen, liegt Düsseldorf, die Hauptstadt des Bundeslands Nordrhein-Westfalen, mit etwa 570 000 Einwohnern eine der großen Städte Deutschlands. Düsseldorf nimmt auf dem Gebiet von Wirtschaft und Kultur im rheinisch-westfälischen Industriegebiet eine hervorragende Stellung ein.

Stadtgeschichtlicher Überblick

Um das Jahr 700 gründete der angelsächsische Mönch Suitbertus im späteren Ortsteil Kaiserswerth (1929 nach Düsseldorf eingemeindet) ein Benediktinerkloster, das 877 erstmalig urkundlich erwähnt wurde. Die erste schriftlich überkommene Nennung des Namens Düsseldorf erfolgte 1135 – in der damaligen Schreibweise „Dusseldorp" genannt – für die bis dahin unbedeutende Siedlung an der Mündung des Düsselbachs in den Rhein. Am 14. August 1288 erhob Graf Adolf von Berg als Besitzer der Grafschaft nach der Schlacht von Worringen, in der der Kölner Erzbischof Siegfried von Westerburg vernichtend geschlagen wurde, Düsseldorf zur Stadt, und nach der Erhebung der Grafschaft zum Herzogtum im Jahre 1380 kam es zum Bau einer herzoglichen Burg; Düsseldorf wurde ab 1386 Residenz der Bergischen Herzöge.

Im Laufe der folgenden Jahrhunderte entwickelte sich die kleine Residenzstadt durch Zuwanderung aus umliegenden Ortschaften, durch den Bau von Kirchen und Schulen zur Hauptstadt der ab 1520 vereinigten Herzogtümer Berg, Jülich und Kleve sowie der Marktschaften Mark und Ravensberg. Nach Beilegung des jülich-klevischen

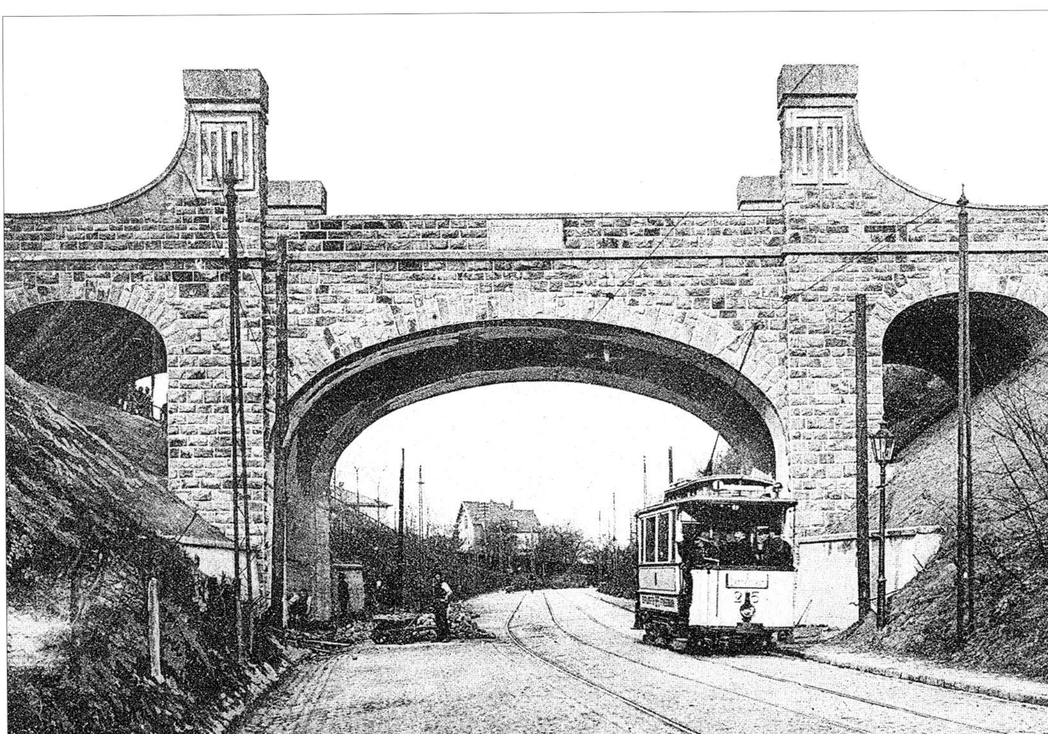

2xTw 215 aus dem Baujahr 1902 unterquert die Pfeifferbrücke in Gerresheim.

Vor dem erst kürzlich fertig gestellten südlichen Teil des Hauptbahnhof-Neubaus wartet im Februar 1934 ein Zug, gebildet aus 2xTw und 2xBw, auf Gleis 1 des Bahnhofsvorplatzes auf seine Weiterfahrt.

2xTw 192 auf dem Linienweg der SL 6 von Eller zur Altstadt fährt an den Anlagen der Rheinwerft entlang. Die Aufnahme entstand um 1906.

Blick auf die verbreiterte Oberkasseler Brücke (Fertigstellung im Jahre 1926) und auf das Rheinufer. Die Aufnahme entstand um 1930

Begegnung zweier Züge der SL 1, Derendorf - Bilk, im Jahre 1910 auf der Düsseldorfer Königsallee, schon damals ein repräsentativer Straßenzug

Erbfolgestreits fiel Düsseldorf 1614 mit den Herzogtümern Berg und Jülich an die Grafen zu Pfalz-Neuburg (Bayern). 1658 wurde der spätere Kurfürst von der Pfalz und Herzog von Berg und Jülich, Johann Wilhelm, im Volksmund Jan Wellem genannt, geboren. In seiner Regierungszeit von 1679 bis 1716 und mehr noch in der von Kurfürst Karl Theodor (1755 bis 1773) entstanden Oper und Gemäldegalerie, das Benrather Barockgartenschloß, aber auch die Erweiterungen der Stadt und der seit 1732 bestehenden Festungsanlagen. Nach heftiger Beschießung und Einnahme durch napoleonische Truppen im Jahre 1795 blieb Düsseldorf in französischem Besitz und gelangte 1806 wieder an Bayern. Durch Beschluß des Wiener Kongresses kam die Stadt 1815 unter preußische Herrschaft und wurde 1824 Sitz des Rheinischen Provinzial-Landtags.

Nach Errichtung der ersten Eisenbahn in Westdeutschland 1838 von Düsseldorf nach Erkrath und der Ansiedlung größerer Werke der Eisenindustrie ab 1850 wuchs die Einwohnerzahl 1882 auf über 100 000 an; Düsseldorf war nun Großstadt. In der Folgezeit erfuhr die Stadt einen weiteren Ausbau der städtischen Anlagen, wie die Eröffnung des Hauptbahnhofs 1891 und des Rheinhafens 1896.

Das erste Viertel des 20. Jahrhunderts war geprägt durch Ansiedlung weiterer Industriezweige und Erweiterung des Stadtgebiets mittels Eingemeindung vieler umliegender Ortschaften, so daß die Einwohnerzahl 1933, also innerhalb von 50 Jahren, auf 500 000 angewachsen war. Im Zweiten Weltkrieg entstanden durch alliierte Luftangriffe schwerste Zerstörungen in der Innenstadt. Nach Beendigung des Kriegs und Errichtung des Bundeslands Nordrhein-Westfalen wurde Düsseldorf 1946 Landeshauptstadt.

Aus neuerer Zeit sind bemerkenswert die Errichtung einer Universität (1965), der Beginn des S-Bahn-Verkehrs (1967), der Beginn des U-Bahn-Baus (1973) und das 700jährige Stadtjubiläum (1988).

Als Residenz der Fürsten hatte Düsseldorf nach 1815 ausgedient. Im Verlauf des 19. Jahrhunderts entwickelte sich die Stadt jedoch zu einer Residenz der Industrie. Sie wurde zur Schaltzentrale eines der größten Ballungsräume der Welt. Man

Tw 418 auf dem Linienweg der SL 11 fährt im Jahre 1912 vorbei am Ratinger Tor zum Burgplatz in der Altstadt.

hat Düsseldorf den „Schreibtisch des Ruhrgebiets" genannt In diesem Beinamen kommt die Funktion der Stadt als Verwaltungs- und Lenkungszentrum der Industrie zum Ausdruck. In jüngster Zeit hat sich ein schneller Wechsel von der Industrie hin zum Dienstleistungsbereich vollzogen, verbunden mit einer ungewöhnlich stark ausgeprägten Internationalisierung der wirtschaftlichen Beziehungen.
Düsseldorf hat auf mehreren Gebieten besondere Bedeutung erlangt, so in der Werbung und in der Unternehmungsberatung und Kundenbetreuung in- und ausländischer Investitionsgüterhersteller. In dieser Hinsicht gehört es zu den wichtigsten Plätzen in Deutschland. Zugleich weist es eine Internationalität auf wie keine zweite Großstadt. Die Mehrzahl aller Nationen, die heute in Deutschland starke wirtschaftliche Interessen haben, konzentriert diese auf Düsseldorf.
Die Verkehrsbedeutung Düsseldorfs ist ebenfalls sehr groß. Im Norden der Stadt liegt ein internationaler Flughafen, der nach Frankfurt/M das höchste Fluggastaufkommen in Deutschland hat. Auf dem Düsseldorfer Hauptbahnhof kreuzen sich wichtige Nord-Süd- und Ost-West-Linien des nationalen und internationalen Fernverkehrs. Der Rhein schafft als europäische Hauptwasserstraße schließlich die Voraussetzungen für einen erheblichen Güterumschlag in den städtischen Hafenanlagen.

Pferdeeisenbahn

Im März 1837 begann die Düsseldorf-Elberfelder Eisenbahn-Gesellschaft mit dem Bau der ersten westdeutschen Eisenbahnlinie von Düsseldorf nach Elberfeld, deren erstes Teilstück Düsseldorf – Erkrath am 20. Dezember 1838, das Teilstück Erkrath – Vohwinkel am 10. April 1841 und das letzte Teilstück von Vohwinkel nach Elberfeld am 3. September 1841 dem Verkehr übergeben wurde. Vorausgegangen war die Gründung der Rheinischen Eisenbahngesellschaft am 25. Juli 1835, die seit 9. Juli 1837 mit der am 31. März 1836 gegründeten Preußisch-Rheinischen Eisenbahn-Gesellschaft kooperierte und sich fortan Rheinische Eisenbahn-Gesellschaft nannte. In

Pferdebahnwagen 78 und ein weiterer treffen sich um 1900 vor dem alten Düsseldorfer Hauptbahnhof.

den Folgejahren eröffnete die Köln-Mindener Eisenbahn eine Verbindung von Düsseldorf nach (Köln-)Deutz (20. Dezember 1845) und am 9. Februar 1847 nach Duisburg. Auch auf der linken Rheinseite entstanden erste Eisenbahnlinien, so 1852/53 die von Düsseldorf nach Aachen, die am linksrheinischen Brückenkopf an der Schiffsbrücke nach Düsseldorf endete und ab 1870 über die erste feste Eisenbahnbrücke weiter ins Stadtinnere führte. Weitere Strecken folgten, und bis zur Jahrhundertwende bestand ein ausgedehntes Eisenbahnnetz in und um Düsseldorf.

Zur Zeit der Eröffnung der ersten Eisenbahnstrecke nach Erkrath zählte die Stadt Düsseldorf etwa 32 000 Einwohner; bis 1861 wuchs die Zahl der Bewohner auf das Doppelte an; 1875 waren es bereits 81 000. Die kleine Residenzstadt hatte sich zudem erheblich ausgedehnt: 8 km waren es 1885 von Nord nach Süd und 7 km von Ost nach West. Mit dieser Ausdehnung und der Bevölkerungszunahme wuchs auch das Mobilitätsbedürfnis. Zu dieser Zeit bestanden noch zwei Fahrpostenverbindungen: von Düsseldorf nach Kaiserswerth und nach Mettmann. Doch beide wurden am 1. Mai 1877 eingestellt. Die Zeit der Postkutschenverbindungen war durch Eisenbahnstrecken abgelöst worden. Zwar gab es noch Pferdedroschken für die innerstädtischen Verkehrsbedürfnisse, doch waren sie für den Großteil der Bevölkerung zu teuer. So sahen sich Düsseldorfs Stadtväter nach einem Verkehrsmittel um, das möglichst viele Personen zu einem erschwinglichen Preis befördern konnte und sich in das bestehende Verkehrsnetz problemlos einfügen ließ.

Am 29. April 1873 wandten sich die Unternehmer Baron zu Bückeburg und W. D. Sharper an die Stadtverwaltung und baten um Überlassung der Bedingungen zum Bau und Betrieb einer Pferdeisenbahn. Dies nahm die Stadt zum Anlaß, am 15. Oktober 1873 und am 29. Januar 1875 Aufforderungen zur Abgabe von Angeboten „zwecks Errichtung einer Pferdeeisenbahn in Düsseldorf" zu veröffentlichen. Die eingegangenen Angebote wurden am 27. April 1875 geöffnet. Im Verwaltungsbericht der Stadt Düsseldorf aus dem Jahre 1875 ist zu lesen: *„Die Anlage von Pferdebahnen erschien für den inneren Verkehr und die Entwicklung unserer Stadt von größter Bedeutung. Bereits am 15. October 1873 wurde in den öffentlichen Blättern eine Aufforderung zur Meldung erlassen und am 29. Januar 1875 wiederholt. Am 27. April 1875 wurde eine Concurrenz zwischen den verschiedenen Unternehmen, welche sich gemeldet hatten, eröffnet und infolge des eingeleiteten Submissionsverfahrens demjenigen Unternehmer – Herrn L. Boyaert aus Brüssel – die Concession erteilt, welcher der Stadt die günstigsten Bedingungen und größten Garantien angeboten hatte. Nachdem die Kgl. Regierung die Benutzung der Staatsstraßen bereitwilligst in Aussicht gestellt hatte, wurde der endgültige Vertrag mit dem obengenannten Unternehmer im Laufe des Sommers 1875 abgeschlossen und der Bau der Linien in der inneren Stadt sofort begonnen. Dieselben werden im Jahre 1876 eröffnet und dann die verschiedenen Linien im äußeren Stadtbereich ausgeführt werden."*

Der eigentliche Initiator der Düsseldorfer Pferdebahn, Baron zu Bückeburg, ging leer aus. Durch den Nachweis eines Bau- und Betriebskapitals von etwa 100 000 Thalern sowie die Hinterlegung einer Kaution von 120 000 Mark (die im damaligen deutschen Kaiserreich noch bestehenden verschiedenen Währungssysteme wurden am 1. Januar 1876 vereinheitlicht: Mark, Groschen und Pfennig wurden für ganz Deutschland eingeführt) erhielt am 29. August 1875 der Unternehmer Boyaert aus Brüssel die Konzession für den Betrieb seiner Pferdebahn für die Dauer von 25 Jahren. Sogleich begannen belgische Arbeiter mit der Verlegung der Schienen, und am 19. Januar 1876 trafen die ersten beiden grün lackierten, an den Seiten mit dem Düsseldorfer Stadtwappen versehenen Pferdebahnwagen ein; sie wurden in einem Schuppen auf dem Hof des 1872 abgebrannten Schlosses am Burgplatz gemeinsam mit den Pferden untergebracht. Da das Gleisnetz in Tag- und Nachtarbeit erstellt worden war, fand bereits am 3. Februar 1876 auf der Linie Tonhalle – Burgplatz die erste Probefahrt statt, und einen Tag später wurde die Bahn „abgenommen". Weitere sieben Wagen trafen am 5. Fe-

Der 1876 vollendete Bergisch-Märkische Bahnhof am Südende der Königsallee in Düsseldorf um 1890.

bruar 1876 ein. An diesem Tag wurde auch mit dem Bau neuer Strecken begonnen. Zur Eröffnung des Pferdebahnbetriebs am Sonntag, den 6. Februar 1876 erschien folgende Bekanntmachung in den Düsseldorfer Tageszeitungen:

„Sonntag den 6. c. wird die unterzeichnete Direktion ihre Wagen dem Publikum zur Benutzung überweisen und erlaubt sich dieselbe Folgendes zur speziellen Kenntnis den p. p. Reisenden zu bringen: Die Wagen sind im Dienst von 7 Uhr morgens bis 7 Uhr abends zu den gewöhnlichen Fahrpreisen. Für Konzerte in der Tonhalle sowie am Theater werden außerdem Wagen bereit sein. Für letztere wird indes der doppelte Fahrpreis erhoben.

Die Direktion der Tramways Boyaert"

Am Eröffnungstag waren neun Wagen und 22 Pferde vorhanden. Alle Linien begannen am Burgplatz. Die erste Linie führte über die Kasernenstraße mit einer Ausweiche an der Garnisonskirche zum Bergisch-Märkischen Bahnhof, die zweite über die Mühlenstraße mit einer Ausweiche am Flinger Tor zum gleichen Bahnhof. Die dritte Linie, die am 20. Februar 1876 eröffnet wurde, führte zur Tonhalle mit Ausweichstation am Flinger Tor. Alle Linien waren eingleisig in Normalspurweite höhengleich mit dem Straßenplanum ausgeführt. Da zu dieser Zeit Rillenschienen noch nicht bekannt waren und die schmalen Schienenköpfe den Rädern zu wenig Führung boten, kam es vor allem in den Kurven und bei unbesetzten Wagen häufig zu Entgleisungen. Durch Ausbesserung der schlecht verlegten Gleise wurden diese Anfangsschwierigkeiten bald behoben, und der Verkehr der Pferdebahnwagen verlief auf den drei Linien nach einigen Wochen störungsfrei.

Die Fahrpreise waren nach Entfernungen gestaffelt: 10 Pfennig für 1200 m, 15 Pfennig für 2000 m, 20 Pfennig für 3000 m, 25 Pfennig für 4000 m und 30 Pfennig für 5000 m und mehr. Bei Benutzung der gepolsterten 1. Klasse war ein Aufpreis von 5 Pfennig zu zahlen. Kinder bis zu drei Jahren wurden frei, bis 14 Jahren zum halben Fahrpreis befördert. Für Schüler und Arbeiter bestand eine Fahrpreisermäßigung von 25%.

Die Wagen fuhren entgegen der Bekanntmachung vom 6. Februar von 6 Uhr morgens bis 10 Uhr abends und hielten nach Bedarf; feste Haltestellen gab es noch nicht.
Ende März 1877 waren 11 119 m Schienen verlegt und das Netz um zwei Linien erweitert worden. Die vierte Linie begann am Bergisch-Märkischen Bahnhof und führte über die Königsallee und Flinger Tor zur Gartenstraße; die fünfte Linie hatte ihre Ausgangsstation am Burgplatz und endete nach Fahrt über Tonhalle und Rheinischen Bahnhof mit einer Abzweigung bei diesem über die Thiergartenstraße am Zoologischen Garten. Letztere Linie verkehrte jedoch nur bei schönem Wetter sowie an Sonn- und Feiertagen.
Die provisorische Unterbringung der Pferde und des Wagenparks in einem Schuppen auf dem Hof des abgebrannten Schlosses auf dem Burgplatz fand 1878 mit der Fertigstellung eines Betriebsgebäudes auf dem von der Stadt Düsseldorf dem Unternehmer Boyaert zugewiesenen Grundstück an der Nord-/Krefelder Straße ein Ende.
Schon 1876 hatte sich in Brüssel eine Aktiengesellschaft konstituiert, die „Societé Anonyme des Tramways de Düsseldorf", dessen Direktion der Unternehmer Boyaert innehatte. Diese Aktiengesellschaft übernahm am 3. September 1878 gegen den Widerstand der Stadt Düsseldorf, jedoch mit der Ermächtigung des preußischen Ministers für Handel, Gewerbe und öffentliche Arbeiten die Düsseldorfer Pferdeeisenbahn; die Stadt mußte am 26. November 1879 ihr Einverständnis geben.
1880 fand in Düsseldorf in der Nähe des Zoologischen Gartens erstmalig eine große Ausstellung statt, die Rheinisch-Westfälische Industrie- und Gewerbeausstellung, eine für die damalige Zeit beeindruckende Leistungsschau. Aufgrund dieser Ausstellung warf der Pferdebahnbetrieb vorübergehend Gewinne ab, die durch die Überkapitalisierung bisher weit hinter den Erwartungen der Aktionäre zurückgeblieben waren. In den Folgejahren schrumpften die Gewinne wiederum beträchtlich; sie wurden nur mehr zu außerordentlichen Abschreibungen verwendet. Die Bahngesellschaft, die der Stadt jährlich Konzessionsabgaben zu zahlen hatte (1877 standen den erzielten Einnahmen von 130 866 Mark Abgaben an die Stadt laut Vertrag von 13 343 Mark gegenüber) und unzufrieden mit ihrer Ertragslage war, versuchte deshalb mit der Stadt Düsseldorf für sie günstigere Vertragsbedingungen auszuhandeln.
Dies und die Tatsache, daß die Investitionstätigkeit mit der Ausdehnung und dem Bevölkerungszuwachs der Stadt nicht Schritt hielt, führte zu Ärgernissen mit dem Rat der Stadt Düsseldorf. So wünschte die Stadt eine Verlängerung der Linien zum im Bau befindlichen Hauptbahnhof (Eröffnung am 1. Juli 1891) und zum Ortsteil Oberbilk. Da die Bahngesellschaft daran nicht interessiert war, veranlaßte die Stadt eine öffentliche Ausschreibung zum Bau und Betrieb einer Pferdebahn zum Hauptbahnhof und nach Oberbilk.
Mit einer Düsseldorfer Firma kam auch ein Vertrag zustande, gegen den die Brüsseler Bahngesellschaft jedoch Einspruch erhob. Diese Differenzen führten zu einem langjährigen Rechtsstreit, aus dem die Bahngesellschaft als Sieger hervorging. Daraufhin beschlossen die Stadtverordneten am 30. Juni 1890, von Artikel 33 des Vertrags Gebrauch zu machen, der ihnen das Recht gab, dem Pferdebahnbetreiber zu kündigen. Man verlangte von der Gesellschaft die vollständige Abtretung zum 1. Juli 1892. Zur Erfüllung ihrer Verpflichtungen gegenüber der Pferdebahngesellschaft waren an diese sofort 200 000 und bis zum Jahre 1901 jährlich über 107 000 Mark zu zahlen.
Als Inhaberin der Pferdebahn betrieb die Stadt diese nun nicht selbst, sondern verpachtete sie an den damaligen Direktor der Koblenzer Pferdebahn, Freiherrn von Tippelskirch, der sie am 1. Juli 1892 von der Stadt in Pacht nahm. Wesentliche Bestimmungen des Pachtvertrags waren: „Der Pächter hat die Wagen, die Pferde und das sonstige Inventar der alten Gesellschaft von der Stadt zum Selbstkostenpreis zu übernehmen. Die stadtseits weiter auszubauenden Linien gehen, soweit deren Betrieb mittels Pferden erfolgt, ebenfalls in den Betrieb des Pächters über. Die Stadt übernimmt den Ausbau und die

Unterhaltung des Gleisnetzes, die Herstellung und Unterhaltung der Straßenbefestigung sowie der Depotgebäude. Der Pächter zahlt an Abgaben etc. pro Jahr

a) für das laufende Meter des gesamten Gleisnetzes eine Mark, b) für das bestehende Depot 4% des Taxwertes der Gebäude und 850 Mark Grundstückspacht, nach Herstellung des neuen Depots an der Erkrather Straße jedoch die Summe von 10 000 Mark, c) 3 ¾ % des Überschusses, welcher verbleibt nach Abzug zu a) und b) sowie nach Abzug von 24 Pfennig Entschädigung für jeden zurückgelegten Wagenkilometer. Die Geldabrechnung findet jede Woche statt."

Mit der Pachtübernahme der Pferdebahn durch Freiherrn von Tippelskirch führte dieser den Betrieb und stellte Pferde und Wagen. Die Unterhaltung der Gleise und der Depots oblag der Stadt Düsseldorf. 38 Pferdebahnwagen – 23 geschlossene, 15 offene (Sommerwagen) – und 72 Pferde befanden sich zu dieser Zeit im Bestand des Unternehmens.

Zum Ärger vieler Bürger, die es gewohnt waren, ein- und auszusteigen, wo man gerade wollte, richtete die Stadt am 1. Oktober 1892 insgesamt 31 feste Haltestellen ein. An der Erkrather Straße neben der Eisenbahnstrecke nach Elberfeld, dort, wo sich die Hauptwerkstätte der Straßenbahn bis vor wenigen Jahren befand, wurde am 10. November 1893 ein neues Wagenhaus bezogen. Eine Besonderheit darin war ein Aufzug, mit dem man im Sommer die Winter- und im Winter die Sommerwagen in den Keller unter der Wagenhalle brachte. In diesem Depot wurde eine große Zahl von Pferden vorgehalten, da sie bei ihrer schweren Arbeit oft abgelöst werden mußten. Auch war die Bespannung mit zwei Pferden bei Bergauffahrten und bei starker Besetzung der Wagen häufig erforderlich.

Auf einigen stark frequentierten Strecken führte man ab 10. November 1893 einen Fünf-Minuten-Takt ein. Das neben der Wagenhalle an der Erkrather Straße im Bau befindliche Verwaltungsgebäude konnte am 1. Oktober 1894 bezogen werden. Auf einem angrenzenden Grundstück entstand eine im Besitz Freiherrn von Tippelskirchs befindliche elektrische Kraftstation, die der Baron in Voraussicht auf die Einführung des elektrischen Straßenbahnbetriebs errichten ließ

Ausschnitt aus einem Gemälde von Arthur Nikutowski (1830 – 1888) mit einer Pferde-Straßenbahn vor dem Bergisch-Märkischen Bahnhof in Düsseldorf.

Kleiner offener Beiwagen (Sommerwagen) Baujahr 1899, Wagennummer unbekannt.

und Ende August 1895 vollendet war. Bereits am 16. Februar 1892 hatte die Stadtverordnetenversammlung den Ausbau einer nun zweigleisigen Linie vom Corneliusplatz (Nähe Hofgarten) zum Hauptbahnhof beschlossen, die am 3. Juli 1892 und deren Verlängerung bis zur Hildener Straße am 13. August 1892 eröffnet wurde. In den Folgejahren wuchs das Pferdebahnnetz stetig weiter und erreichte 1898 seine größte Ausdehnung mit einer Linienlänge von 23 700 m und einer Betriebslänge von 44 400 m. Der Betrieb wurde jetzt mit 88 Wagen (davon 15 Sommerwagen) und 370 Pferden abgewickelt.

Tippelskirchs elektrische Straßenbahn

Aufgrund eines Vertrags mit Direktor von Tippelskirch vom 12. Juli 1894 verlegte die Stadt Düsseldorf ab 15. Oktober 1894 für den Betrieb einer elektrischen Straßenbahn Schienen, beginnend Am Wehrhahn in Höhe der Schützenstraße und nach Grafenberg und Rath führend. Die Errichtung außerhalb des bebauten Stadtgeländes hatte ihre Ursache in der Abneigung der Bevölkerung gegen die Fahrleitungen, die nach ihrer Meinung die Straßen verschandelten. Die zuerst fertiggestellte 2,6 km lange Linie von der Schützenstraße nach Grafenberg wurde am 23. Mai 1895 eröffnet, jedoch noch mit Pferdekraft betrieben. Der elektrische Betrieb begann am 16. September 1895, mußte jedoch wegen technischer Mängel nach wenigen Stunden schon wieder eingestellt werden. Die endgültige Aufnahme der elektrischen Traktion erfolgte am 27. Januar 1896 nach Fertigstellung der Fahrleitungsanlagen. Hierzu waren acht Trieb- und acht Beiwagen beschafft worden, die in einer umgebauten Halle des Betriebshofs Erkrather Straße untergebracht waren. Fahrleitungen zu diesem Betriebshof bestanden jedoch nicht; man wollte keine weiteren Bürgerproteste auslösen. So zogen Pferde die Wagen zu ihrem Einsatz in die Schützenstraße.

Der Pächter der Straßenbahn, Freiherr von Tippelskirch, dachte über seine Zeit hinaus und ließ gleichzeitig auf eigene Rechnung, aber unter Verpflichtung der Stadt eine Linie nach Ratingen über Rath bauen. Das erste Teilstück der insge-

Im Jahre 1906 begannen die Verglasungen der Plattformen zum Schutze der Triebwagenführer gegen Regen bei den Städtischen Straßenbahnen. Neben dem 2xTw 212 aus der Bauserie von 1899 bis 1902 zeigt diese Aufnahme einen offenen Beiwagen auf der Linie Grafenberg – Schadowplatz.

Ein Dreiwagenzug der ersten Düsseldorfer „Elektrischen" im Jahre 1898 an der Endstelle in Grafenberg.

samt 7,4 km langen Linie von der Abzweigung Grafenberger Allee bis Rath wurde ebenfalls am 27. Januar 1896, das Reststück Rath – Ratingen am 20. November 1897 eröffnet. Die elektrischen Anlagen beider Strecken installierte die Nürnberger Elelektrizitäts AG, vorm. Schuckert und Co. Die Stromabnahme erfolgte durch das Trolley-System, das einen durchgehenden Fahrdraht mit Leitungsweichen erforderte. Für beide Linien standen 1896 elf zweiachsige, fünffenstrige Trieb- und 16 zweiachsige, vierfenstrige Beiwagen im Einsatz. Noch im gleichen Jahr wurden

Zwei Aufnahmen aus den Anfangsjahren des elektrischen Düsseldorfer Straßenbahnbetriebes, der „Burgplatz“ mit dem“ Schloßturm“ (rechts) und dem „Düsselschlößchen“ (links) um 1912.

2xTw 81 mit unverglasten Plattformen aus dem Baujahr 1896 befindet sich, behängt mit einem 2xBw, 1898 an der Endstelle in Grafenberg.

2xTw 98, 1901 bereits mit geschlossenen Plattformen versehen, stellt sich im gleichen Jahr mit einem 2xBw bei Rath dem Fotografen.

An der Endstelle Friedhof im Norden der Stadt Düsseldorf wartet 2xTw 142 aus dem Baujahr 1900 auf die Rückfahrt zum Hauptbahnhof.

für die Linie nach Ratingen vier weitere Triebwagen mit etwas stärkerer Motorleistung (zwei Motoren mit je 11 kWh) erworben.

Alle Straßenbahnwagen waren wie schon die Pferdebahnwagen dunkelgrün lackiert; am unteren Wagenkasten war die Eigentumsbezeichnung Düsseldorfer Straßenbahn zu lesen, darüber befand sich das Düsseldorfer Stadtwappen. Die Zielschilder befanden sich seitlich unter den Fenstern. Beide Linien verkehrten an Werktagen im 20-Minuten-Takt, an Sonntagen und bei Bedarf alle zehn Minuten. Für die zwischen Grafenberg und Ratingen verkehrenden Trieb- und Beiwagen errichtete Freiherr von Tippelskirch in Rath ein Elektrizitätswerk, eine Wagenhalle zur Abstellung von 16 zweiachsigen Fahrzeugen und eine Reparaturwerkstätte.

Diese Anlagen wurden am 1. Juli 1899 in Betrieb genommen. Nach Eröffnung des Grafenberger Betriebshofs im Jahre 1903 diente die Wagenhalle in Rath nur noch der Abstellung von Beiwagen.

2. Die großen Betreibergesellschaften

Triebwagen Nr. 5 der Rheinischen Bahn-Gesellschaft aus dem Baujahr 1899, ausgerüstet mit Abteilen der II. und III. Klasse. Dieses Fahrzeug hatte eine Länge von 11,70 m und eine Breite von 2,40 m und bot 34 Fahrgästen einen Sitz- und 22 Fahrgästen einen Stehplatz.

Die Rheinische Bahngesellschaft

Zwischen der rechtsrheinischen Düsseldorfer Altstadt und dem damaligen Dorf Oberkassel am linken Rheinufer bestand seit 1839 eine Verbindung mittels einer Schiffsbrücke mit ausfahrbarem Mittelteil zum Durchlaß von Schiffen. Ziemlich nahe der Brücke auf Oberkasseler Seite entstand 1853 ein Bahnhof für die Eisenbahnlinie Oberkassel – Heerdt – Neuss – Aachen. Da eine durchgehende Verbindung vom West- zum Ostufer des Rheins nicht bestand, mußten Reisende ihre Fahrt unterbrechen und die Lücke zwischen den Bahnhöfen via Schiffsbrücke und zu Fuß überwinden.

Noch vor dem Eisenbahn-Brückenschlag zwischen Neuss und Düsseldorf hatte sich 1854 in Düsseldorf unter Vorsitz des Oberbürgermeisters eine Vereinigung gebildet, die bestrebt war, Standort und Finanzierungswege zum Bau einer festen Brücke zu finden. Hintergedanke war u.a. auch, den Rhein als westliche Stadtgrenze zu überwinden und das Hinterland auf der linken Rheinseite zur Erschließung der sich immer stärker ausdehnenden Stadt zu nutzen. Die fehlenden finanziellen Mittel verhinderten jedoch zu diesem Zeitpunkt eine Verwirklichung der Pläne. Zu Beginn der neunziger Jahre wurde der Brückenbaugedanke wieder aufgegriffen, wobei interessierte Kreise zugleich auch eine elektrische Kleinbahn zwischen Düsseldorf und Krefeld errichten wollten. Die finanziellen Mittel hierzu sollten die erwartete Wertsteigerung des Grund und Bodens auf dem linken Rheinufer und der Verkauf desselben abwerfen.

Nach der Zustimmung zum Bau einer Fernbahn Düsseldorf – Krefeld durch den Rat der Stadt Kre-

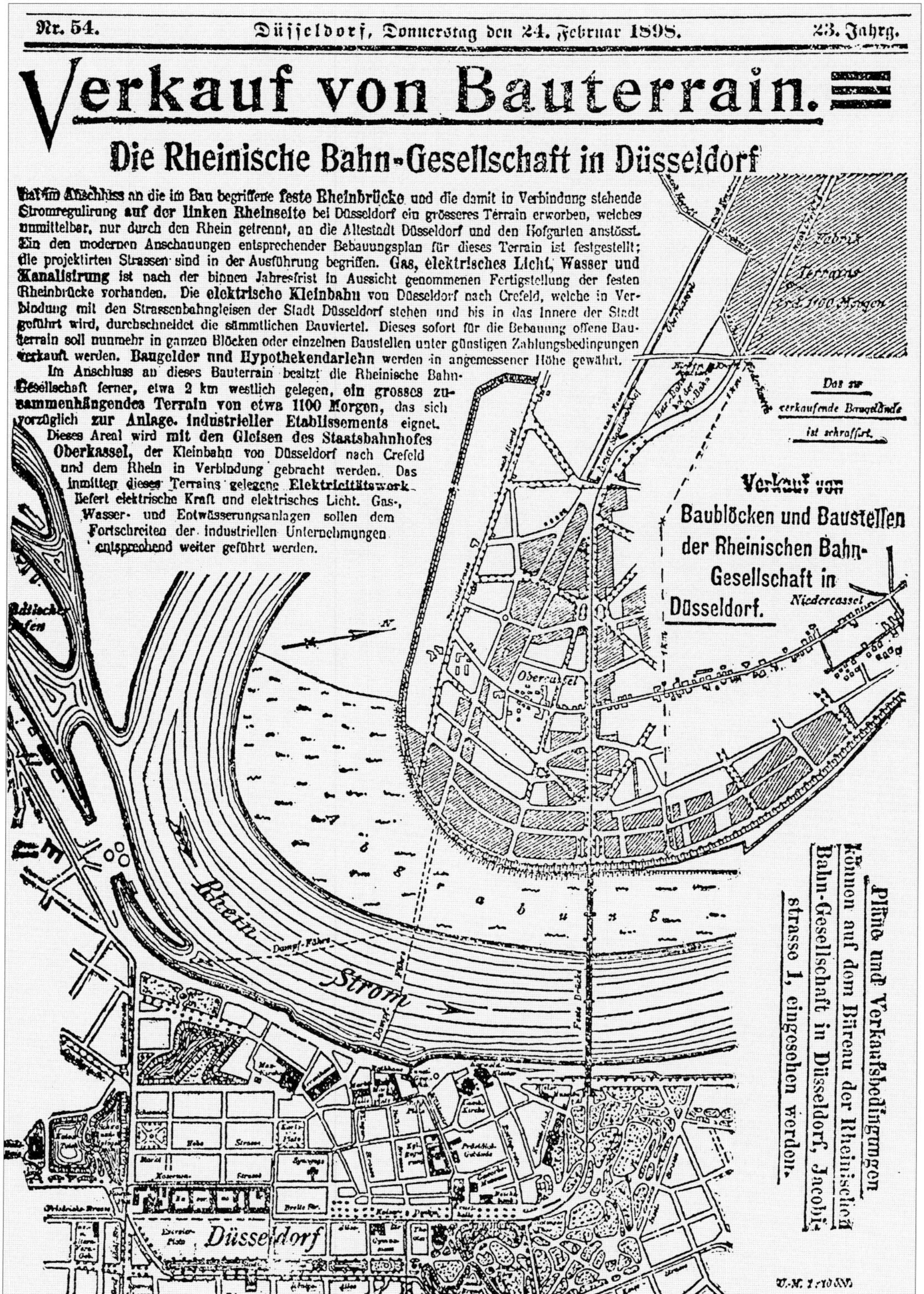

Nr. 54. Düsseldorf, Donnerstag den 24. Februar 1898. 23. Jahrg.

Verkauf von Bauterrain.

Die Rheinische Bahn-Gesellschaft in Düsseldorf

hat im Anschluss an die im Bau begriffene **feste Rheinbrücke** und die damit in Verbindung stehende Stromregulirung **auf der linken Rheinseite** bei Düsseldorf ein grösseres Terrain erworben, welches unmittelbar, nur durch den Rhein getrennt, an die Altestadt Düsseldorf und den Hofgarten anstösst. Ein den modernen Anschauungen entsprechender Bebauungsplan für dieses Terrain ist festgestellt; die projektirten Strassen sind in der Ausführung begriffen. **Gas, elektrisches Licht, Wasser und Kanalisirung** ist nach der binnen Jahresfrist in Aussicht genommenen Fertigstellung der festen Rheinbrücke vorhanden. Die **elektrische Kleinbahn** von Düsseldorf nach Crefeld, welche in Verbindung mit den Strassenbahngleisen der Stadt Düsseldorf stehen und bis in das Innere der Stadt geführt wird, durchschneidet die sämmtlichen Bauviertel. Dieses sofort für die Bebauung offene Bauterrain soll nunmehr in ganzen Blöcken oder einzelnen Baustellen unter günstigen Zahlungsbedingungen verkauft werden. **Baugelder und Hypothekendarlehn** werden in angemessener Höhe gewährt.

Im Anschluss an dieses Bauterrain besitzt die Rheinische Bahn-Gesellschaft ferner, etwa 2 km westlich gelegen, **ein grosses zusammenhängendes Terrain von etwa 1100 Morgen**, das sich vorzüglich **zur Anlage industrieller Etablissements** eignet.

Dieses Areal wird **mit den Gleisen des Staatsbahnhofes Oberkassel**, der Kleinbahn von Düsseldorf nach Crefeld und dem Rhein in Verbindung gebracht werden. Das inmitten dieses Terrains gelegene **Elektricitätswerk** liefert elektrische Kraft und elektrisches Licht. Gas-, Wasser- und Entwässerungsanlagen sollen dem Fortschreiten der industriellen Unternehmungen entsprechend weiter geführt werden.

Verkauf von Baublöcken und Baustellen der Rheinischen Bahn-Gesellschaft in Düsseldorf.

Das zu verkaufende Baugelände ist schraffirt.

Pläne und Verkaufsbedingungen können auf dem Büreau der Rheinischen Bahn-Gesellschaft in Düsseldorf, Jacobistrasse 1, eingesehen werden.

2xTw der Rheinischen Bahn-Gesellschaft, Baujahr 1905 mit II.- und III.-Klasse-Abteil, durchfährt auf der Fernlinie Düsseldorf-Neuss das mächtige Brückentor der am 12. November 1898 eröffneten Oberkasseler Rheinbrücke. Durch einen Zusammenstoß mit einem Güterzug wurde dieser Triebwagen im Jahre 1916 zerstört, das Brückenportal wurde in den zwanziger Jahren beim Umbau der Brücke abgetragen.

feld am 21. Februar und den Düsseldorfer Stadtrat am 18. März gründeten die Initiatoren am 25. März 1896 die Rheinische Bahngesellschaft AG. Nach Firmengründung wurde der erforderliche Grundbesitz größtenteils käuflich, zum geringeren Teil durch Enteignung erworben. Da die Grundstücke, die billig gekauft worden waren, nicht vollständig für Straßen- und Bahnbau benötigt wurden, veräußerte die Rheinische Bahngesellschaft überschüssiges Land in den Folgejahren zu einem wesentlich höheren Preis an Bauwillige aus Industrie und Gesellschaft. Die hierbei erzielten Gewinne dienten ebenfalls der Finanzierung des umfangreichen Bauvorhabens. Die Rheinische Bahngesellschaft ließ das Baugelände entwässern und einen Bebauungsplan entwerfen, der mit seinen Ringstraßen und Plätzen auch heute noch für das linksrheinische Oberkassel Bestand hat. Der Bau der Brücke, deren Standort umstritten war, erforderte ein hohes Maß an Vorbereitungen, wie Änderung der Rheinstromlinie, Entfernung des in napoleonischer Zeit errichteten Sicherheitshafens in der Nähe der Kunstakademie, Abriß des Staatsbahnhofs auf den linksrheinischen Uferwiesen und dessen Neubau am heutigen Belsenplatz. In der Nähe des neuen Staatsbahnhofs entstand zur Versorgung der Bahnlinie nach Krefeld und des Industriegeländes mit elektrischer Energie ein firmeneigenes Kraftwerk.

Schon am 1. Juli 1896 wurde mit dem Bau der Brücke begonnen, die am 12. November 1898 dem Verkehr übergeben werden konnte. Bis zu diesem Zeitpunkt blieb die Schiffsbrücke in Betrieb. Die Rheinbahn-Gesellschaft war auf Grund des Brückenschlags nördlich der Altstadt verpflichtet, mit Abbau der Schiffsbrücke einen Fährbetrieb zwischen beiden Ufern durchzuführen, da nun von der Altstadt nach Oberkassel eine direkte Verbindung nicht mehr gegeben war. Bei Passage der Brücke war an die Rheinische Bahngesellschaft (im folgenden Rheinbahn

Für die Bedienung der Lokalstrecken erwarb die Rheinische Bahn-Gesellschaft 1898 sieben kleine zweiachsige Triebwagen. 2xTw 27, aus der Nummernreihe 21 – 27, hier noch im Ursprungszustand, versah bis Mitte der dreißiger Jahre als ATw seinen Dienst.

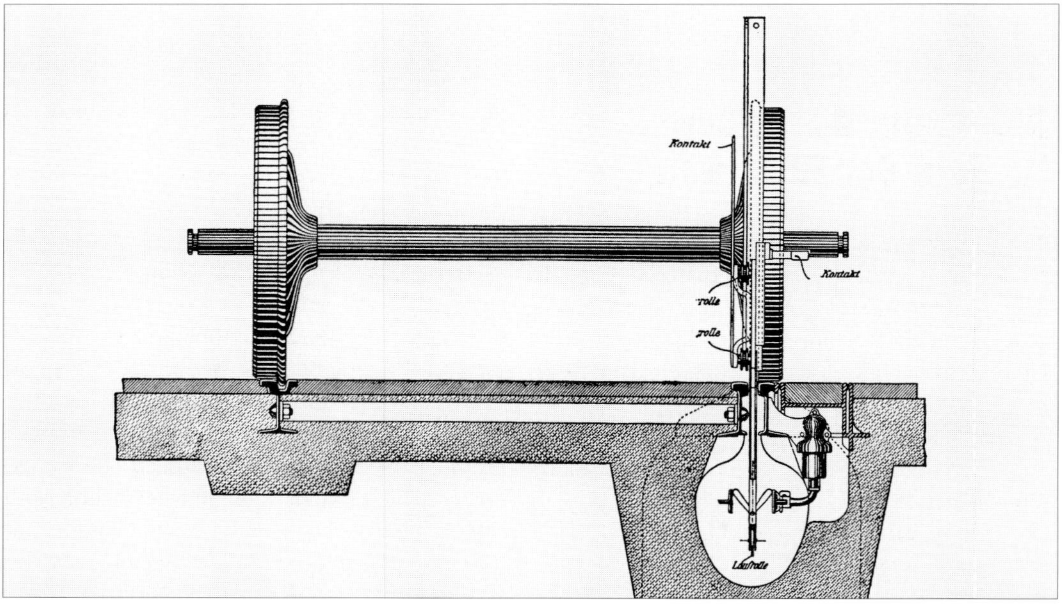

Schema einer Stromabnehmer-Vorrichtung der unterirdischen Fahrleitungsanlage, wie sie von der Rheinischen Bahn-Gesellschaft von 1898 bis 1907 im Düsseldorfer Stadtgebiet angelegt werden mußte. Als die Städtische Straßenbahn im Jahre 1907 sich am Aktienkapital der Rheinischen Bahn-Gesellschaft beteiligte, bestand die Stadt Düsseldorf nicht mehr auf der Aufrechterhaltung der zu Betriebsstörungen führenden unterirdischen Stromzuführung.

4xTw 1001 mit zwei 4xBw der Fernlinie A, Düsseldorf – Krefeld bei einem Zwischenhalt etwa 1925 auf der Alleestraße, der heutigen Heinrich-Heine-Allee.

genannt) ein Brückenzoll in Höhe von 5 Pfennig (Fußgänger) zu zahlen; diese Maut wurde ab 1926 nicht mehr erhoben.

Kleinbahn Düsseldorf – Krefeld der Rheinbahn

Zu den satzungsgemäßen Zwecken der im März 1896 gegründeten Rheinischen Bahngesellschaft gehörten die Errichtung einer stehenden Rheinbrücke und einer normalspurigen Kleinbahn von Düsseldorf nach Krefeld, die in erster Linie eine bequeme und schnelle Verbindung zwischen beiden Städten schaffen und in zweiter Linie auch der Bedienung der dazwischenliegenden Ortschaften dienen sollte.

Zu Ende des 19. Jahrhunderts hatte Krefeld fast 100 000 Einwohner und war Mittelpunkt der Samt- und Seidenindustrie in Deutschland. Der Ursprung dieser Industrie geht auf religiöse Verfolgungen des 17. und 18. Jahrhunderts zurück, als viele Mennoniten und Reformierte in Krefeld eine neue Heimat fanden und ihr Wissen über die Verarbeitung und Veredelung von Samt einbrachten.

Stadtrechte hatte Krefeld 1373 erworben und war 1702 als Teil der Grafschaft Moers zu Preußen gekommen. Heute gehört die westlich des Rheins gelegene, regelmäßig angelegte Stadt Krefeld mit fast 300 000 Einwohnern zu den großen Städten des Bundeslands Nordrhein-Westfalen, ist immer noch Mittelpunkt der Samt- und Seidenindustrie und beherbergt große Maschinen- und Edelstahlwerke.

Von den vielen Straßenbahnlinien in 1000-mm-Spur (Eröffnung der Dampfbahn 03.05.1883, der Pferdebahn 11.05.1883, der elektrischen Straßenbahn 31.10.1900) aus der Zeit vor und nach dem Zweiten Weltkrieg sind nach Stillegungen vornehmlich der Außenlinien in Nachbarstädte vier leistungsfähige Durchmesserlinien mit einer Streckenlänge von 37,3 km erhalten geblieben sowie die in Normalspur ausgeführte Rheinbahnlinie U 76, die ihren Endpunkt im Ostwall im Zentrum Krefelds hat, und die (HVZ-)Linie U 70, die außerhalb des Zentrums an der Haltestelle Dießem endet.

Die Fahrzeit der Rheinbahn zwischen Düsseldorf und Krefeld durfte einst nicht länger sein als auf der zu diesem Zeitpunkt bestehenden Staatsbahnverbindung zwischen beiden Städten mit dem Umweg über Neuss. Daraus ergab sich die Notwendigkeit, auf freier Strecke die für Kleinbahnen damals doch sehr erhebliche Geschwindigkeit von 40 km/h zugrunde zu legen. Dies hatte wiederum zur Folge, daß sich die Mitbenutzung öffentlicher Straßen auf freier Strecke verbot und die Bahn nicht in die an der Strecke liegenden Ortschaften hinein-, sondern an ihnen vorbeigeführt werden mußte. Die Gesamtlänge der Linie von Düsseldorf (Haroldstraße) bis Krefeld (Rheinstraße) war mit 22,2 km, die Länge der freien Strecke zwischen den Haltestellen Oberkassel und Bahnhof Krefeld mit 16,7 km berechnet. Von Düsseldorf bis zur vorgesehenen Endstelle des Lokalverkehrs in Oberkassel war die Strecke zweigleisig und von dort bis Krefeld unter Einschluß z.T. sehr großzügiger Ausweichen eingleisig geplant. Der tatsächlich angelegte Bahnkörper war jedoch auf der eingleisigen freien Strecke von vornherein für zwei Gleise nach dem Normalprofil der Staatsbahn mit einer Breite von 9,20 m gedacht, um jederzeit mit einer Verlegung des zweiten Gleises beginnen zu können. Es war der Gesellschaft in Aussicht gestellt worden, auf der freien Strecke zwischen Bahn-

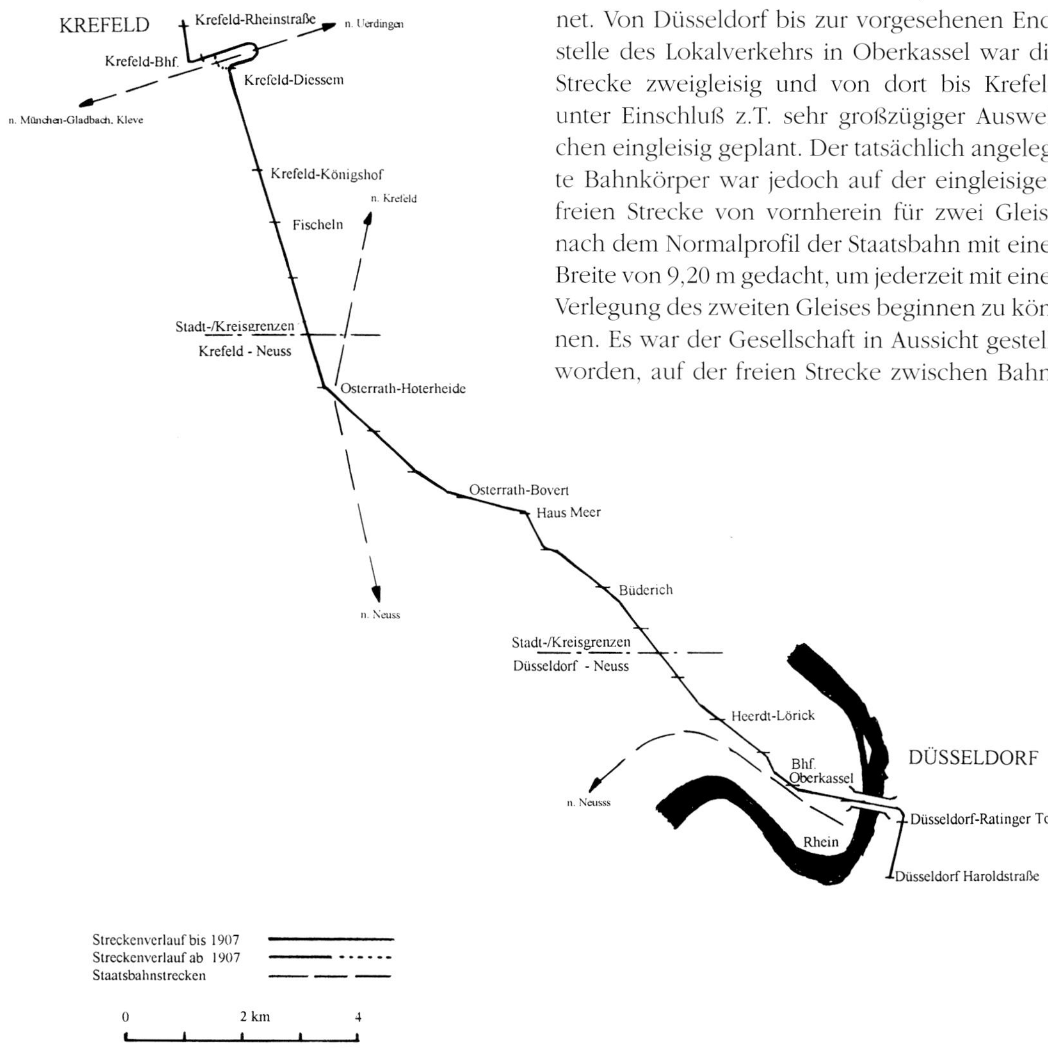

Streckenplan der Kleinbahn Düsseldorf – Krefeld aus dem Jahre 1898.

Auf dem Fernbahnhof Graf-Adolf-Platz warten 4xTw 1008 der Fernlinie K und 4xTw 14 der Fernlinie D auf ihre Abfahrt zu den Zielen Krefeld und Duisburg (1938).

hof Oberkassel und Krefeld auch Staatsbahnwagen für Privatanschlußgleise zu übernehmen.
Zur Stromversorgung war die Errichtung vorerst nur eines Kraftwerks bei der Haltestelle Oberkassel vorgesehen, obwohl diese Lage für die Stromabgabe bis Krefeld ungünstig gewählt war. Maßgebend für diesen Standort war jedoch die in Aussicht genommene Abgabe von Strom an industrielle Betriebe und für die Beleuchtung des Gebiets zwischen Oberkassel und der neuen Rheinbrücke. Für die Stromzuleitung wurde auf der ganzen Linie, auch innerhalb der Stadtgrenzen Krefelds, eine oberirdische gestattet. Es kam das Bügelsystem (Lyra) der Firma Siemens & Halske – der man auch den Auftrag zum Bau der Fahrleitung und sämtlicher elektrischer Anlagen wie Speiseleitungen, Streckentelefon und elektrische Ausrüstung des Wagenparks übertrug – zur Anwendung. Die Stadtverwaltung Düsseldorf erlaubte jedoch aus optischen Gründen keine oberirdische Fahrleitungsanlage, so daß eine solche nach den Vorbildern der Städte Berlin und Budapest unterirdisch verlegt werden mußte. Diese gab immer wieder Anlaß zu Betriebsstörungen und zusätzlichen Betriebskosten.
Mit der Beschaffung des Wagenmaterials betrat man um die Jahrhundertwende in Deutschland Neuland, handelte es sich doch bei der Kleinbahn Düsseldorf – Krefeld um die erste Überlandbahn in Europa. Für die mit der Ausführung des Wagenbaus zu betrauenden Waggonfabriken bedeutete dies ein großes Wagnis, lieferten sie doch zu dieser Zeit keine eigene Konstruktion in nennenswerter Stückzahl aus. Selbst die Berliner Straßenbahn bezog zum Zeitpunkt der Kleinbahnplanung ihre Straßenbahnfahrzeuge einschließlich der vollständigen Elektroausrüstung aus den Vereinigten Staaten von Amerika. Nach den Plänen der Firma Siemens & Halske – unter Beachtung der kleinen Krümmungshalbmesser (kleinster Halbmesser = 20 m) in den Stadtbezirken und mit Rücksicht auf ein ruhiges Fahren bei hoher Fahrgeschwindigkeit – sollte ein vierachsiger Salonwagen mit zwei Normalspurdrehgestellen bei einem Radstand von 1640 mm und einem Raddurchmesser von 800 mm entstehen.

Der Schnelltriebwagen 201, (aus der Reihe 200-205, Baujahr 1912, um 1922 umgenummert in 1 – 6 und im gleichen Jahr noch einmal ungenummert in 1001 – 1006) in der Ausführung II. und III. Klasse.

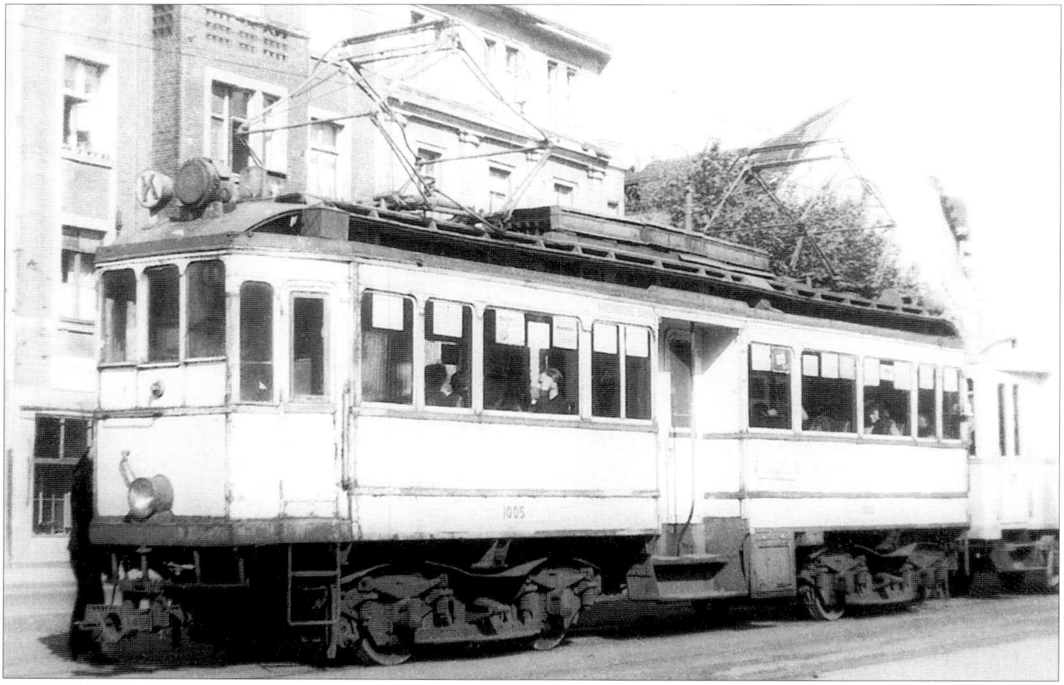

4xTw 1005, im Einsatz auf der Fernlinie K Düsseldorf – Krefeld an der Haltestelle Belsenplatz in Düsseldorf-Oberkassel. 1948.

Der neue Niederflur-Tw 253 fährt 1937 auf der anläßlich der Ausstellung „Schaffendes Volk" eingerichteten Linie A vom Graf-Adolf-Platz auf einem Rundkurs zur Ausstellung. Daneben ein Zug der Fernlinie D.

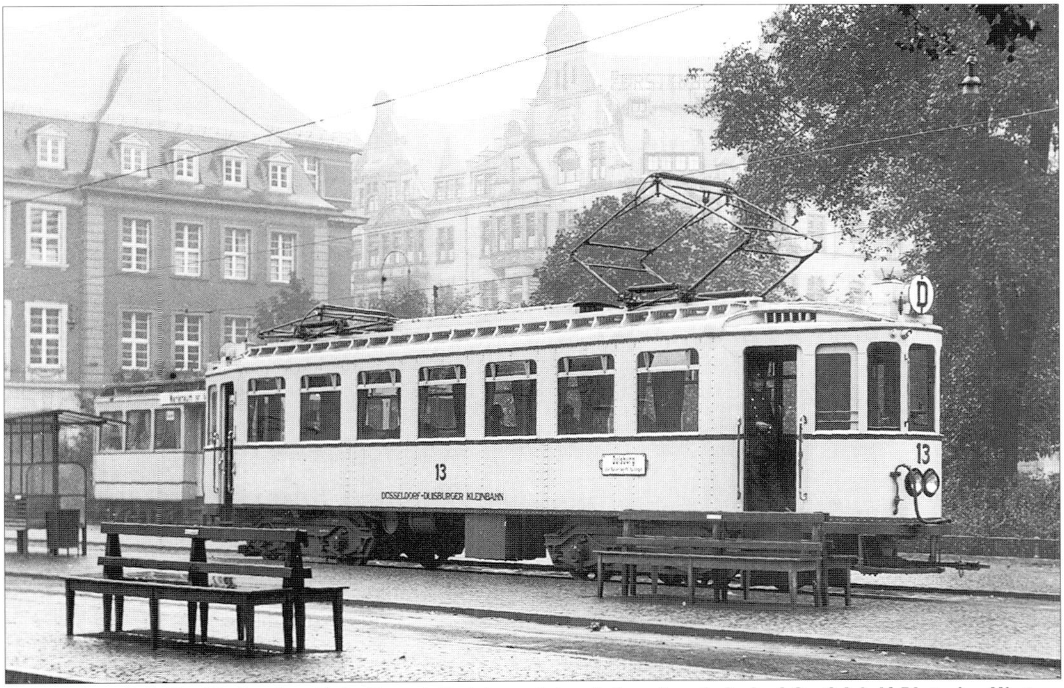

Neben dem SoloTw 13 der Fernlinie D nach Duisburg ist auf dem Fernbahnhof Graf-Adolf-Platz im Hintergrund auf Gleis 4 ein 4xBw zu erkennen, der den wartenden Fahrgästen als Warteraum diente (nach 1930).

Auf die Rückfahrt nach Düsseldorf wartet in Krefeld ein Zug, gebildet aus 4xTw 1006 und einem 4xBw der Reihe 1073 - 1080 (1956).

Ein Zug der Fernlinie K, bestehend aus Bw 1080 und einem Tw hält 1938 unterwegs im Bahnhof Mererbusch (heute Meerbusch).

Am 18. Juni 1955 befahren 4xTw 1001, ex 200 und 4xBw 1068, ex 225, beide 1912 für die Rheinische Bahn-Gesellschaft erbaut, den Luegplatz in Düsseldorf-Oberkassel. Die Ausmusterung beider Fahrzeuge erfolgte 1959.

Die Firma Düsseldorfer Eisenbahnbedarf vorm. Weyer & Co. lieferte zwischen 1898 und 1902 insgesamt 16 Endeinstiegstriebwagen mit völlig neu entwickelten Drehgestellen und anfangs offenen Plattformen sowie zehn gleichartige Beiwagen an die Rheinische Bahngesellschaft.
Bis zum Ende des Ersten Weltkriegs verfügten die Trieb- und ein Teil der Beiwagen über getrennte Abteile II. und III. Klasse. In der II. Klasse bot man den Fahrgästen eine Saloneinrichtung; in der III. Klasse der Triebwagen befanden sich Längs-, in den Beiwagen Quersitze aus Holz. Ab 1905 wurden in der II. Klasse und ab 1907 auch in der III. Klasse die bis dahin verwendeten Anthrazitöfen amerikanischer Herkunft durch eine elektrische Heizung ersetzt.
Der Bau der Bahn begann Anfang Juli 1897 und wurde so beschleunigt, daß noch vor Einbruch des Winters die Bauwerke der freien Strecke wie die Staatsbahnüberführung bei Osterath und der größte Teil des Bahnkörpers fertiggestellt waren. Auch die Gebäude des Kraftwerks kamen bis zum Wintereinbruch unter Dach, so daß der Erstellung der Kessel- und Maschinenfundamente nichts im Wege stand. Nach der Aufnahme der Arbeiten im Freien im Frühjahr 1898 begann im April die Verlegung der Gleise, der Fahrleitungen und der Signaleinrichtungen; Ende 1898 konnten erste Probefahrten stattfinden, bei denen anstandslos Fahrgeschwindigkeiten von 60 km/h erreicht wurden. Am 15. Dezember 1898 wurde die Bahn dem öffentlichen Verkehr übergeben; die Betriebsführung unterlag laut Vertrag für die folgenden drei Monate dem Hersteller Siemens & Halske.
Schon in der ersten Fahrplanperiode fuhren halbstündig Züge zwischen Düsseldorf und Krefeld, Personen- und durchfahrende Schnellzüge wechselten einander ab. Bei der geforderten und eingehaltenen Fahrgeschwindigkeit von 40 km/h brauchte ein Personenzug eine Stunde und ein Schnellzug 49 Minuten für die Bewältigung der 22,2 km langen Strecke. Eine einfache Fahrt kostete in der II. Klasse 1,20 Mark und in der

Aus der ersten Serie der Rheinischen Bahn-Gesellschaft stammt der 4xTw 1456, der 1901 mit der Nummer 11 in Betrieb gestellt wurde. Von den insgesamt 16 beschafften Fahrzeugen gingen nach Unfällen und Kriegseinwirkung elf Exemplare verloren, die restlichen fünf wurden 1955 ausgemustert.

III. Klasse 0,80 Mark. Vom Eröffnungsdatum 15. Dezember 1898 bis einschließlich 24. November 1899 endete die Kleinbahn in Düsseldorf am Ratinger Tor. Ab 25. November konnte dann der elektrische (Unterleitungs-)Betrieb durch das Düsseldorfer Zentrum bis zum Graf-Adolf-Platz aufgenommen werden. Erst zum 12. Mai 1907 erlaubte die Düsseldorfer Stadtverwaltung die Umrüstung dieses Streckenabschnitts auf Oberleitung. Die Endstation in Krefeld befindet sich seit dem Eröffnungsdatum in der Stadtmitte auf dem Ostwall in der Nähe der Rheinstraße.

Im November 1900 begann die Elektrifizierung der am 3. Mai 1883 eröffneten, in 1000-mm-Spur ausgeführten Krefelder Dampfbahn und der am 11. Mai 1883 ebenfalls in 1000-mm-Spur ausgeführten Krefelder Pferdebahn. Regelspur und Schmalspur wurden schon bald auf eine gemeinsame Mittellinie ausgerichtet, so daß im Gegensatz zu Drei-Schienen-Gleisen der Einbau von Weichen zwischen beiden Spuren entfallen konnte. Somit bestand eine höhere Unabhängigkeit zwischen beiden Systemen; hierdurch war auch ein zügigerer Verkehrsfluß gegeben.

Lokallinien der Rheinbahn

Die Ansiedlung von Industrie und Wohnanlagen auf der linken Rheiseite machte die Einrichtung von Lokallinien der Rheinbahn erforderlich. Im Gegensatz zur Schnellbahn, die ihren Verkehr mit Vierachsfahrzeugen abwickelte, wurden die Lokallinien mit Zweiachsfahrzeugen bedient. Bereits 1899 richtete die Bahngesellschaft eine alle zehn Minuten verkehrende Linie von Düsseldorf Ratinger Tor nach Oberkassel Belsenplatz ein, und ab 1901 dehnte man den Lokalverkehr bis Lörick aus. Eine weitere Linie mit einer Länge von etwa 12 km entstand 1901 vom Forsthaus Meer an der Strecke Düsseldorf – Krefeld nach Uerdingen, die anfangs mit Dampflokomotiven betrieben wurde. Dies bewährte sich jedoch nicht, und so wurde die Strecke bereits neun Monate nach der Eröffnung elektrifiziert.

Da die Eisenbahnlinie Oberkassel – Neuss den gestiegenen Verkehrswünschen nicht mehr gerecht wurde (große Bahnhofsabstände, geringe Fahrplandichte), begann die Rheinbahn 1901 mit der Verlegung einer etwa 7,8 km langen, meist eingleisigen Strecke vom Belsenplatz zum Bahnhof in Neuss. Die der Rheinischen Bahngesellschaft gehörenden Gleise zwischen dem Neusser Bahnhof und der Endstation Obertor wurden im Dezember 1910 von der Neusser Straßenbahn übernommen. Durch diese Maßnahme war die Staatsbahnstrecke von Oberkassel nach Neuss unwirtschaftlich geworden. Dies führte am 1. Oktober 1902 zur Einstellung des Personenverkehrs auf dieser Strecke.
Eine weitere linksrheinische Bahnverbindung entstand bis 1911 durch Verlängerung der Linie nach Uerdingen bis Moers. Somit waren die Verbindungen der Städte Düsseldorf, Neuss, Uerdingen und Moers im Personenverkehr untereinander und direkte Güterverkehrsverbindungen zwischen dem Düsseldorfer Hafen und den Industrien dieser Städte gewährleistet.

Das Benrather Meterspur-Straßenbahnnetz

Östlich der Stadt Düsseldorf, im Bergischen und Niederbergischen Land, errichtete man in den nahegelegenen Städten und Gemeinden ebenfalls Straßen- und Kleinbahnen, so 1893 in Remscheid, 1896 in Neviges-Elberfeld und 1898/99 in Solingen. Weitere Städte wie Benrath (1929 nach Düsseldorf eingemeindet), Hilden, Ohligs und Vohwinkel waren daran interessiert, zwischen ihnen ein zusammenhängendes Schienennetz zu errichten, vornehmlich für den Güterverkehr in diesem stark mit Kleinindustrie durchsetzten Landstrich.
Der Anstoß zum Bau dieser Kleinbahn kam aus Benrath. Pläne und Anträge wurden 1895 an den Regierungspräsidenten in Düsseldorf gerichtet, der auch bald die Konzession für die Dauer von 45 Jahren erteilte. Für den Bau und die Inbetriebnahme dieser Bahn konnte die Continentale Gesellschaft für elektrische Unternehmungen

Triebwagen 106 der Fernlinie O von Benrath nach Ohligs bei einem Zwischenhalt in Ohligs (um 1938).

Die Staatsbahn-Direktion verweigerte der Bergischen Kleinbahn die niveaugleiche Querung der Eisenbahnstrecke Köln – Düsseldorf in Benrath, so daß diese Bahn bis 1930 auf einer eigenen Brücke über die Staatsbahngleise geführt werden mußte.

in Nürnberg gewonnen werden, die zwischen 1895 und 1898 Gleise und Fahrleitungen von Düsseldorf-Oberbilk (Düsseldorf hatte am 14. September 1896 die Baugenehmigung für sein Stadtgebiet erteilt) nach Benrath und weiter nach Hilden und Ohligs sowie bis Haan und Vohwinkel verlegte. Die Bahn wurde jedoch nicht in Normalspur, sondern in Meterspur ausgeführt, da in den Regionen des Niederbergischen Landes Meterspurbahnen betrieben wurden.

Als erste Verbindung wurde am 10. Dezember 1898 die Strecke Benrath – Hilden in Betrieb genommen, der zwei Tage später die Strecke Benrath – Oberbilk folgte. Als letztes Streckenstück wurde am 10. Juli 1899 die Verbindung Haan – Vohwinkel dem Verkehr übergeben. Damit hatte das Benrather Netz mit einer Streckenlänge von 30,5 km seine größte Ausdehnung innerhalb kürzester Zeit erreicht. Da das Elberfelder Elektrizitätswerk, das den Strom für den Abschnitt Haan – Vohwinkel zu liefern hatte, nicht rechtzeitig fertiggestellt werden konnte, fand für etwa 20 Tage auf dem letzten Teilstück zwischen Kinderbusch und Vohwinkel ein Betrieb mit Dampflokomotiven und vierachsigen Personenwagen statt. Das hierzu benötigte Rollmaterial befand sich im Besitz der Bergischen Kleinbahn und diente der am 15. Oktober 1899 eröffneten Dampfstrecke Velbert – Heiligenhaus – Hösel.

Noch während der Betriebsaufnahme der ersten Streckenabschnitte ging das Unternehmen an die Bergischen Kleinbahnen AG mit Sitz in Elberfeld über, die auch die Niederbergischen und Elberfelder Meterspur-Straßenbahnen betrieben.

Elektrizitätswerk und Betriebshof des neuen Unternehmens hatten ihren Sitz in Benrath in der Nähe des Staatsbahnhofs. In Düsseldorf-Oberbilk lag die Endstelle mit Umsetzgleis in Höhe der Endstelle der noch nicht elektrifizierten Pferdebahn. In den ersten Jahren fuhren die Benrather Bahnen von Oberbilk durchgehend bis Vohwinkel, wozu sie bei einer Höchstgeschwindigkeit von 25 km/h etwa eine Stunde und 50 Minuten unterwegs waren. Die Ohligser Linie

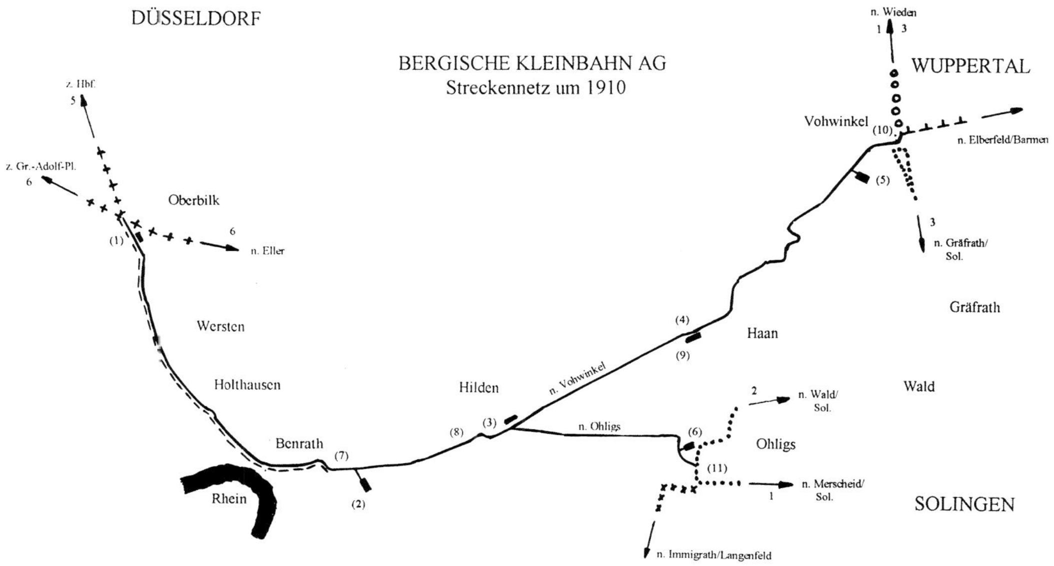

Meterspurnetz	————————	Betriebshöfe/Güterabfertigungen:		
Umspurung auf Normalspur bis 1917	═══════	(1) Oberbilk		GA
		(2) Benrath	Btf	GA
		(3) Hilden-Abzw		GA
Nachbarschaftslinien:		(4) Haan		GA
Straßenbahn Solingen	....	(5) Vohwinkel	Btf	GA
Straßenbahn Mettmann	oooooooooooooo	(6) Ohligs	Btf	GA
Straßenbahn Düsseldorf	++++++++++++++	Staatsbahnhöfe:		
Straßenbahn Opladen Ohligs	xxxxxxxxxxxxxxxx	(7) Benrath, (8) Hilden, (9) Haan,		
Schwebebahn Wuppertal	⊥ ⊥ ⊥ ⊥ ⊥ ⊥ ⊥ ⊥	(10) Vohwinkel, (11) Ohligs		

Streckenplan der Bergischen Kleinbahn um 1910.

wurde zu einem etwas späteren Zeitpunkt bis Oberbilk geführt, dafür die Linie nach Vohwinkel bis Hilden zurückgenommen. Gefahren wurde im 30-Minuten-Takt, auf einigen Teilstrecken auch im 15-Minuten-Abstand. Bestrebungen, das Benrather Netz bis in die Innenstadt von Düsseldorf zu verlängern, scheiterten am Widerspruch der Stadtverwaltung; Düsseldorf stellte sich quer, da die Stadt Pläne mit eigenen Straßenbahnlinien verfolgte. Am 1. April 1911 kaufte die Stadt Düsseldorf das Benrather Netz auf – die Kleinbahn war dem steigenden Bedarf nicht mehr gewachsen – und verpachtete es bis 1917 an die Rheinbahn. Der Umbau der Strecke Oberbilk – Benrath auf Regelspur brachte die überfälligen notwendigen Verbesserungen. Die Endstellen beider Verkehrsunternehmen lagen in Benrath nun nebeneinander. Das Benrather Netz verkleinerte sich durch diese Maßnahme auf eine Betriebslänge von etwa 22 km.

Städtische Pferdeeisenbahn stellt auf elektrischen Betrieb um

Da in vielen deutschen Städten schon längst vor der Jahrhundertwende elektrische Straßenbahnen verkehrten, setzte sich nun auch in Düsseldorf die Erkenntnis durch, daß der Pferdebahnbetrieb mit all seinen Nachteilen auf Dauer nicht zu halten sei. Opponierende Interessengruppen, die eine Fahrleitung in der Düsseldorfer Innenstadt nicht dulden wollten, wurden überstimmt,

Zweiachsiger Verwandlungswagen Nr. 335, Baujahr 1906, Länge 7,04 m, Breite 2,20 m, 32 Sitz- und 13 Stehplätze. Dieser Wagen konnte sowohl im halboffenen (oben) wie auch im geschlossenen Zustand (unten) eingesetzt werden. Außer diesem Prototyp wurde kein weiteres Fahrzeug dieser Art beschafft, 1938 erfolgte die Ausmusterung.

Fahrplan der Strassenbahnen der Stadt Düsseldorf.

Gültig vom 24. October 1904 ab.

Die Zeiten von 6 Uhr abends sind durch einen Strich unter den Minutenzahlen gekennzeichnet.

I. Innenlinien.

Stationen | Alle 10 Min. ein Wagen | Alle 5 Min. ein Wagen | Alle 10 Min. ein Wagen | Bemerkungen

1. Blaue Linie: Derendorf–Corneliuspl.–Kronprinzenstr.–Unterbilk–Derendorf — Derendorf, Blücherstrasse, Corneliusplatz, Graf Adolfplatz, Kronprinzenstr., Unterbilk, Graf Adolfplatz, Corneliusplatz, Blücherstrasse, Derendorf. Wagenschild: Blau mit weisser Schrift. Signallicht: Blau.

2. Rote Linie: Nord-Friedhof–Blücherstr.–Tonhalle–Hauptbahnhof u. zurück — Nord-Friedhof, Blücherstrasse, Tonhalle, Hauptbahnhof, Hauptbahnhof, Tonhalle, Blücherstrasse, Nord-Friedhof. Wagenschild: Rot mit weisser Schrift. Signallicht: Rot.

3. Weisse Linie: Schadowplatz–Uhlandstr.–Grafenberg u. zurück — Schadowplatz, Uhlandstrasse, Haniel & Lueg, Grafenberg, Grafenberg, Haniel & Lueg, Uhlandstrasse, Schadowplatz. Wagenschild: Weiss mit schwarzer Schrift. Signallicht: Weiss.

4. Dunkelgrüne Linie: Rathaus–Corneliuspl.–Uhlandstr.–Zoolog. Garten u. zurück — Rathaus, Corneliusplatz, Uhlandstrasse, Zoolog. Garten, Zoolog. Garten, Uhlandstrasse, Corneliusplatz, Rathaus. Wagenschild: Dunkelgrün mit weisser Schrift. Signallicht: Dunkelgrün.

5. Braune Linie: Rathaus–Corneliusplatz–Hauptbahnhof–Oberbilk u. zurück — Rathaus, Corneliusplatz, Hauptbahnhof, Oberbilk, Oberbilk, Hauptbahnhof, Corneliusplatz, Rathaus. Wagenschild: Braun mit weisser Schrift. Signallicht: Braun.

6. Violette Linie: Rathaus–Graf Adolfplatz–Ellerstr.–Oberbilk u. zurück — Rathaus, Graf Adolfplatz, Oberbilk, Oberbilk, Graf Adolfplatz, Rathaus. Wagenschild: Violett mit weisser Schrift. Signallicht: Violett.

7. Gelbe Linie: Hafen–Graf Adolfplatz–Oststr.–Uhlandstr. u. zurück — Hafen, Graf Adolfplatz, Uhlandstrasse, Uhlandstrasse, Graf Adolfplatz, Hafen. Wagenschild: Gelb mit schwarzer Schrift. Signallicht: Gelb.

8. Hellgrüne Linie: Unterbilk-Kronprinzenstr.-Hauptbahnh.-Wehrhahn u. zurück — Unterbilk, Kronprinzenstr., Graf Adolfplatz, Hauptbahnhof, Wehrhahn, Wehrhahn, Hauptbahnhof, Graf Adolfplatz, Unterbilk. Wagenschild: Hellgrün mit schwarzer Schrift. Signallicht: Hellgrün.

II. Aussenlinien.

Stationen | Alle 20 Minuten ein Wagen | Bemerkungen

9. Rote Aussenlinie: Grafenberg-Haniel & Lueg-Rath-Ratingen u. zurück — Grafenberg Haniel & Lueg, Honigheim, Centrale Rath (Bruchstr.), Ober-Rath, Hubertushain, Ratingen, Ratingen, Hubertushain, Ober-Rath, Centrale Rath (Bruchstr.), Honigheim, Grafenberg Haniel & Lueg. Wagenschild: Weiss mit roter Schrift. Signallicht: Weiss mit rotem Stern.

10. Weisse Aussenlinie: Düsseldorf–Grafenberg–Gerresheim u. zurück — Düsseldorf Schadowplatz, Uhlandstrasse, Grafenberg Haniel & Lueg, Jägerhaus, auf der Hardt, Gerresheim Rathaus, Amtsgericht, Bahnhof; Gerresheim Bahnhof, Amtsgericht, Rathaus, Grafenberg auf der Hardt, Jägerhaus, Haniel & Lueg, Düsseldorf Uhlandstrasse, Schadowplatz. Wagenschild: Weiss mit schwarzer Schrift. Signallicht: Weiss mit grünem Strich.

11. Violette Aussenlinie: Düsseldorf–Oberbilk–Lierenfeld–Eller u. zurück — Düsseldorf Rathaus, Graf Adolfplatz, Oberbilk Hildenerstrasse, Lierenfeld Eisenb. Ueberg., Eller Kaiserstrasse; Eller Kaiserstrasse, Lierenfeld Eisenb. Ueberg., Oberbilk Hildenerstrasse, Düsseldorf Graf Adolfplatz, Rathaus. Wagenschild: Violett mit weisser Schrift. Signallicht: Violett. An dem Eisenbahn-Übergang in Lierenfeld muss bei jeder Fahrt umgestiegen werden.

An Sonn- und Feiertagen wird nach Bedarf des Morgens von 10 Uhr ab von Oberbilk nach Eller Zehnminuten-Betrieb eingerichtet.

Bemerkung.

1. An Sonn- und Feiertagen wird der Fünfminutenbetrieb morgens 2 Stunden später eingerichtet und abends nach Bedarf bis Betriebsschluss durchgeführt.
2. Nach Schluss der Abendvorstellungen des Apollotheaters fahren von da aus Wagen nach Bedarf nach allen Richtungen.
3. Sonderwagen fahren nach Bedarf.
4. Der Betrieb wird nach der Hauptbahnhofsuhr in Düsseldorf eingerichtet.
5. Bei Betriebsstörungen kann für die genaue Innehaltung der Fahrzeiten eine Verpflichtung nicht übernommen werden.

Düsseldorf, den 11. October 1904.

Der Oberbürgermeister.
In Vertretung: Dr. Thelemann.

Winterfahrplan 1904/1905 der Düsseldorfer Straßenbahn.

und so konnte die Stadtverordnetenversammlung am 29. März 1898 die Umwandlung der Pferdebahn in eine elektrische Bahn beschließen. In einem Vertrag vom 30. Juni 1898 wurden der Elektrizitäts-Aktiengesellschaft vormals Schuckert & Co. in Nürnberg Umwandlung und Betriebsführung übertragen.

Die bisher durch Freiherrn von Tippelskirch betriebene elektrifizierte Strecke Schützenstraße – Grafenberg gelangte am 1. Juli 1899 in den Besitz der Stadt Düsseldorf, die die Betriebsführung auch dieser Bahn an die Elektrizitäts-AG übertrug. Am 17. Juli 1899 beschlossen die Stadtverordneten die Einführung eines städtischen Regiebetriebs, der nach Beendigung des mit der Elektrizitätsgesellschaft abgeschlossenen Vertrags einsetzen sollte. Der bisherige Pächter der Pferdebahn, von Tippelskirch, wurde nach Fertigstellung der Arbeiten am 1. Juli 1900 erster Direktor der im städtischen Besitz befindlichen Düsseldorfer Straßenbahn. Die von ihm erbaute und in seinem Besitz befindliche Kraftstation in

Fahrzeit	Tour		59			
	Wagen		1			
Min.	Depot	ab	6^{54}			
5	Eller	„	6^{59}			
6	Lierenfeld	„	7^{06}			
Pause: In Lierenfeld = 1 Minute, In Eller = 7 Minuten	Eller	ab	7^{19}	12^{19}	5^{19}	10^{19}
	Lierenfeld	„	7^{26}	12^{26}	5^{26}	10^{26}
	Eller	ab	7^{39}	12^{39}	5^{39}	10^{39}
	Lierenfeld	„	7^{46}	12^{46}	5^{46}	10^{46}
	Eller	ab	7^{59}	12^{59}	5^{59}	10^{59}
	Lierenfeld	„	8^{06}	1^{06}	6^{06}	11^{06}
	Eller	ab	8^{19}	1^{19}	6^{19}	11^{12}
	Lierenfeld	„	8^{26}	1^{26}	6^{26}	z. D.
	Eller	ab	8^{39}	1^{39}	6^{39}	
	Lierenfeld	„	8^{46}	1^{46}	6^{46}	
	Eller	ab	8^{59}	1^{59}	6^{59}	
	Lierenfeld	„	9^{06}	2^{06}	7^{06}	
	Eller	ab	9^{19}	2^{19}	7^{19}	
	Lierenfeld	„	9^{26}	2^{26}	7^{26}	
	Eller	ab	9^{39}	2^{39}	7^{39}	
	Lierenfeld	„	9^{46}	2^{46}	7^{46}	
	Eller	ab	9^{59}	2^{59}	7^{59}	
	Lierenfeld	„	10^{06}	3^{06}	8^{06}	
	Eller	ab	10^{19}	3^{19}	8^{19}	
	Lierenfeld	„	10^{26}	3^{26}	8^{26}	
	Eller	ab	10^{39}	3^{39}	8^{39}	
	Lierenfeld	„	10^{46}	3^{46}	8^{46}	
	Eller	ab	10^{59}	3^{59}	8^{59}	
	Lierenfeld	„	11^{06}	4^{06}	9^{06}	
	Eller	ab	11^{19}	4^{19}	9^{19}	
	Lierenfeld	„	11^{26}	4^{26}	9^{26}	
	Eller	ab	11^{39}	4^{39}	9^{39}	
	Lierenfeld	„	11^{46}	4^{46}	9^{46}	
	Eller	ab	11^{59}	4^{59}	9^{59}	
	Lierenfeld	„	12^{06}	5^{06}	10^{06}	

Bekanntmachung.

Betr: Löhne für Fahrpersonal ab 1. April 1913.

Gemäß einem Beschluß der Straßenbahn-Deputation vom 4. März 1913 werden die Löhne für Schaffner und Führer vom 1. April d. Js. ab wie folgt festgesetzt:

A. Schaffner.		B. Führer.	
1. Jahr	Mark 3,70	1. Jahr	Mark 4,20
2. Jahr	Mark 3,90	2. Jahr	Mark 4,40
3. Jahr	Mark 4,10	3. Jahr	Mark 4,60
4. Jahr	Mark 4,30	4. Jahr	Mark 4,80
5. Jahr	Mark 4,40	5. Jahr	Mark 4,90
6. Jahr	Mark 4,50	6. Jahr	Mark 5,00
7. Jahr	Mark 4,60	7. Jahr	Mark 5,10
8. Jahr	Mark 4,70	8. Jahr	Mark 5,20
9. Jahr	Mark 4,80	9. Jahr	Mark 5,30
10. Jahr	Mark 4,90	10. Jahr	Mark 5,40
11. Jahr	Mark 5,00	11. Jahr	Mark 5,50
12. Jahr	Mark —	12. Jahr	Mark 5,60
13. Jahr	Mark —	13. Jahr	Mark 5,70
14. Jahr	Mark —	14. Jahr	Mark 5,80
15. Jahr	Mark —	15. Jahr	Mark 5,90
16. Jahr	Mark —	16. Jahr	Mark 6,00

C. Außerdem erhalten diejenigen Schaffner und Führer, welche Lehrlinge ausbilden, bis zu
einem ganzen Dienst . . Mark 0,50 Zulage
für einen halben Dienst . „ 0.25 „

D. Das Personal, das auf dem Büro beschäftigt ist, erhält pro Tag eine Zulage von Mark 0,75.

E. Das Personal, das bei der Abrechnung auf den einzelnen Depots mithilft, erhält pro Tag eine Zulage von Mark 1.25.

Düsseldorf, den 7. April 1913.

Betriebs-Direktion der Straßenbahnen der Stadt Düsseldorf.

Stahl.

Fahrplan der Pendellinie 6 zwischen Eller und Lierenfeld von 1904/1905 und Bekanntmachung der Stadt Düsseldorf vom 1. April 1913 über die Tagelöhne des Fahrpersonals der Städtischen Straßenbahn.

Rath übernahm die Stromversorgung der elektrischen Bahn, das Kraftwerk im Betriebshof Erkrather Straße wurde abgebrochen und schuf zusätzlichen Platz für die Abstellung der neuen elektrischen Fahrzeuge.

Die Umstellung auf elektrischen Betrieb erfolgte ab 1. Juli 1899; als erste Strecke ging am 5. September 1899 die Linie Burgplatz – Zoo in Betrieb; ihr folgte am 18. Oktober die Strecke Kölner Straße – Hauptbahnhof – Erkrather Straße (Betriebshof). In den nächsten Monaten wurde das gesamte Netz auf elektrischen Betrieb umgestellt, so daß am 21. Juni 1900 zum letzten Male die Pferdebahn auf den Linien Hauptbahnhof – Unterbilk und Graf-Adolf-Platz – Hafen rollte.

Am 1. Juli 1900 übernahm die Stadt Düsseldorf die elektrische Straßenbahn in eigene Regie, wobei in der Begründung zu diesem Entschluß die Überlegung zum Ausdruck kam: *„Die Stadt kann mit der Straßenbahn jedem neuen Straßenzug folgen. Selbst wenn die betreffende Linie, weil das Stadtviertel noch nicht voll bebaut ist, zuerst keinen Gewinn bringt, trägt sie aber zur Erschließung des neuen Stadtteils wesentlich bei."*

Zu Ende des Jahres 1900 verkehrten auf Düsseldorfs Straßen acht Bahnlinien:

1. *Hauptbahnhof – Graf-Adolf-Platz – Bilker Allee – Flora – Bilker Kirche – Graf-Adolf-Platz – Hauptbahnhof*
2. *Derendorf Markt – Königsallee – Graf-Adolf-Platz*
3. *Hauptbahnhof – Tonhalle – Dreieck – (Nord-) Friedhof*
4. *Hauptbahnhof – Kölner Straße – Wehrhahn – Grafenberg*

5. Burgplatz/Rathaus – Wehrhahn – Zoo
6. Burgplatz/Rathaus – Hauptbahnhof – Oberbilk
7. Burgplatz/Rathaus – Graf-Adolf-Platz – Oberbilk
8. Schützenstraße – Graf-Adolf-Platz – Hafen (in Gegenrichtung zu 1)

Auf allen Linien begann der Betrieb morgens um 5 Uhr und endete abends um 12 Uhr. In den ersten Betriebsjahren verkehrten die meisten solo fahrenden Triebwagen zwischen 7 Uhr morgens und 10 Uhr abends im Fünf-Minuten-Takt, sonst alle zehn Minuten. Bis Ende 1900 beschaffte die Düsseldorfer Straßenbahn 140 zweiachsige Trieb- und 50 zweiachsige Beiwagen, die bis 1922 noch vollständig vorhanden waren. Danach wurden einige Fahrzeuge an andere deutsche Straßenbahnbetriebe abgegeben.

Ein großer Teil des insgesamt 88 Fahrzeuge umfassenden Pferdebahn-Wagenparks wurde zunächst nach kleinen Änderungen im elektrischen Betrieb weiterverwendet. 16 Wagen wurden modernisiert, und aus 22 Wagen entstanden elf neue größere Fahrzeuge, die noch bis in die dreißiger Jahre Verwendung fanden. Die restlichen Wagen wurden zu Arbeitswagen umgebaut.

Am 1. April 1901 kaufte die Stadt Düsseldorf die von Freiherrn von Tippelskirch privat erbaute und im Besitz der Elektrizitäts-AG in Nürnberg befindliche Linie Grafenberg – Rath – Ratingen und übernahm auch hier die Betriebsführung. Von Tippelskirch schied zum 1. Oktober 1901 aus den Diensten der städtischen Düsseldorfer Straßenbahnen aus.

Elektrische Kleinbahn Düsseldorf – Duisburg

Etwa 30 km nördlich von Düsseldorf, gemessen von Stadtmitte zu Stadtmitte, liegt Duisburg, die größte niederrheinische Stadt des Ruhrgebiets

2xTw 1121, ex 121 aus dem Baujahr 1913 und 2xBw 769, im Jahre 1925 erstellt. Der Tw versah bis 1958 im Anlieferzustand seinen Dienst, 1960 wurde er nach zweijährigem Einsatz als ATw ausgemustert. Auch der Beiwagen blieb bis zu seiner Ausmusterung im Jahre 1969 in seiner Bausubstanz unverändert.

Zur Erstausstattung der Kleinbahn Düsseldorf – Duisburg gehörten auch zehn zweiachsige Beiwagen, die bei gleichen Abmessungen wie die der Triebwagen jedoch über einen Mittelein-/ausstieg verfügten und wegen der hohen Staubentwicklung auf den ungepflasterten Straßen und Wegen zwischen beiden Städten vollkommen verglast waren.

und seit dem Mittelalter bedeutendes Handelszentrum. Hier begann der „Hellweg", die Handelsstraße zum Weserraum. Heute bilden die werkseigenen und öffentlichen Hafenanlagen das größte Binnenhafensystem der Welt mit einer Fläche von 1200 ha. Zwischen Düsseldorf und Duisburg liegen Orte wie Angermund, Kalkum, Kaiserswerth und Wittlaer, die einst selbständige Städte oder Gemeinden waren und infolge Eingemeindung 1929 bzw. 1975 allesamt Stadtteile von Düsseldorf wurden. Ebenso verhielt es sich im Duisburger Umland. Auch hier wurden aus ehemals selbständigen Orten durch Eingemeindung Duisburger Stadtbezirke, so daß Düsseldorf und Duisburg heute eine gemeinsame Stadtgrenze aufweisen.

Zu Ende des vorigen Jahrhunderts war dieser Teil der niederrheinischen Region noch reines Agrarland, doch die Industrialisierung rückte von Düsseldorf in nördlicher wie von Duisburg in südlicher Richtung immer weiter vor. Mit der Ausdehnung des Duisburger Stadtgebiets nach Süden und der Ansiedlung zahlreicher großer Industrieunternehmen und der damit wachsenden Siedlungen Wanheimerort, Buchholz und Huckingen kam der Wunsch auf, diese mit Duisburg und Düsseldorf zu verbinden, zumal hier wie auch in Kaiserswerth ein Verkehrsanschluß nur mit Postkutschen bestand. So stellte die Rheinische Metallwaren- und Maschinenfabrik in Düsseldorf am 15. November 1892 ein erstes Konzessionsgesuch an den Regierungspräsidenten von der Recke von der Horst zur Errichtung und Betreibung einer Bahn von (Düsseldorf-) Derendorf nach (Duisburg-)Hochfeld. Diesem Gesuch wurde am 24. März 1893 durch den Minister für öffentliche Arbeiten in Berlin unter Maßgabe des Gesetzes über Kleinbahnen vom 28. Juli 1892 stattgegeben.

Als Eisenbahnbehörde, die Bau- und Betriebsaufsicht zu führen hatte, bestimmte der Minister das Königliche Eisenbahn-Betriebsamt Deutz-

Emmerich in Düsseldorf. Erste Einwendungen gegen die geplante Ausführung kamen von der Königlichen Oberpostdirektion wegen der Möglichkeit der Beschädigung der unterirdisch liegenden Telegrafenkabel Berlin – Köln durch Bauarbeiten. Auch interessierte Bürger wandten sich gegen den Bahnbau; sie befürchteten Belästigungen und Enteignungen ihrer Immobilien. Der Stadtbaumeister beanstandete die geringe Straßenbreite in Kaiserswerth; sie betrug 8,6 m, und die Bahn hätte davon 2,5 m für sich in Anspruch genommen. Doch schon waren Firmen auf dem Plan, die Angebote zur Errichtung dieser Kleinbahn abgaben: J. Heintges aus Düsseldorf am 21. Juli 1894 und Lenz & Co. aus Stettin am 10. Dezember 1895.

In den Jahren nach der Konzessionserteilung entwickelte sich ein reger Schriftwechsel zwischen dem Regierungspräsidenten in Düsseldorf, den Oberbürgermeistern und Bürgermeistern der betroffenen Gemeinden, der Reichspost, der Königlichen Eisenbahndirektion und den Bahnbauwilligen Firmen. Die hierbei entstandenen Interessenlagen veranlaßten die Firma Lenz & Co., ihre Bereitschaft zum Bahnbau am 6. Juni 1896 an die Westdeutsche Eisenbahn-Gesellschaft in Köln abzugeben. Diese schlug nun mit Brief vom 20. Juli 1896 vor, die Kleinbahn mit Übergabegleis auszustatten und im Staatsbahnhof Derendorf beginnen zu lassen sowie den Betrieb mit Lokomotiven als Vollspurbahn zu betreiben. Dieses Ansinnen wurde vom Minister für öffentliche Arbeiten in Berlin mit Schreiben vom 27. Februar 1897 abgelehnt; er wies noch einmal auf das Gesetz über Kleinbahnen vom 28. Juli 1892 hin. Wegen der guten Eisenbahnverbindung zwischen Düsseldorf und Duisburg über Angermund sollte aus Konkurrenzgründen nur eine Kleinbahn zugelassen werden ohne Anschluß an Staatsbahnhöfe und mit ausdrücklicher Beschränkung auf Personen- und Stückgutverkehr.

Damit war das Projekt vorerst einmal gescheitert. Mit großem Interesse hatte der Direktor der Koblenzer Pferdebahn, seit 1. Juli 1892 Pächter der Düsseldorfer Pferdeeisenbahn und späterer Di-

2xTw 4 der Düsseldorf-Duisburger Kleinbahn gehörte der Erstausstattung von 21 Triebwagen an und wurde 1899 in Dienst gestellt. Er verfügte von Anbeginn über verglaste Plattformen mit halbhohen Falttüren, der Ein-/Ausstieg war in Fahrtrichtung stets hinten.

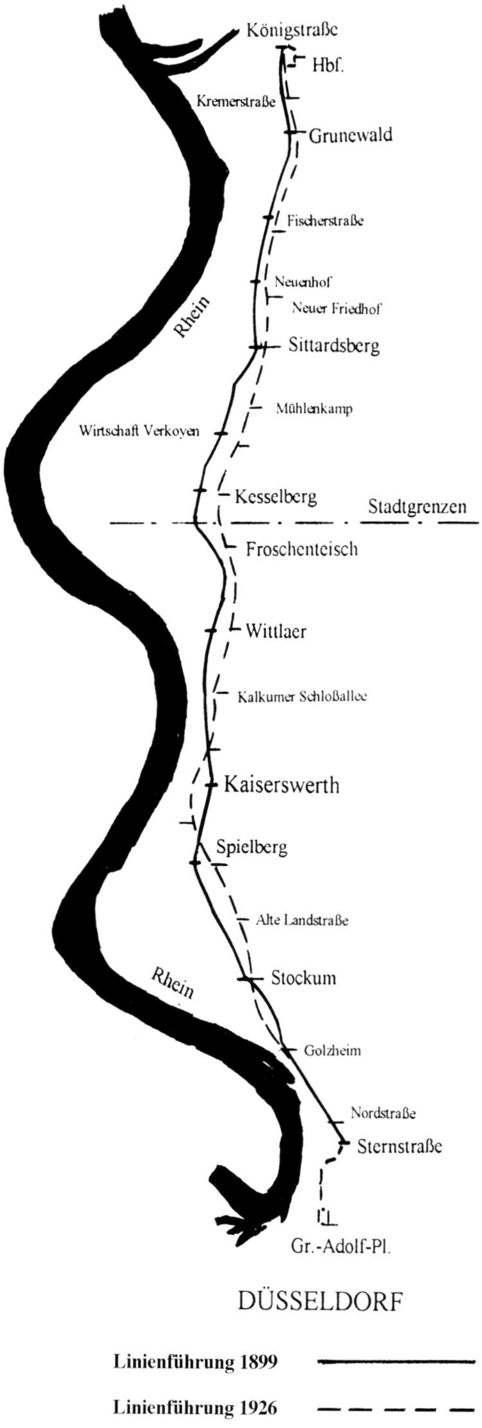

Streckenplan der Düsseldorf-Duisburger Kleinbahn.

rektor der seit 1892 in städtischem Besitz befindlichen Düsseldorfer Straßenbahn, Freiherr von Tippelskirch, die Pläne zur Errichtung einer Kleinbahnverbindung von Düsseldorf nach Duisburg verfolgt. Mit Schreiben vom 26. Oktober 1897 bat er nun seinerseits um die Konzessionserteilung zum Bau und Betrieb einer normalspurigen, elektrisch betriebenen Kleinbahn von Düsseldorf zunächst nach Kaiserswerth und zu einem späteren Zeitpunkt um die Verlängerung nach Duisburg. In diesem Antrag wurde ausdrücklich betont, daß diese Bahn allein dem Personenverkehr dienen solle und als Fortsetzung der Düsseldorfer Straßenbahn in nördlicher Richtung zu betrachten sei.

Nach wie vor lagen die Pläne zum Bau der Kleinbahn im Widerstreit der Interessen. So sah sich der Oberpräsident der Rheinprovinz am 15. Januar 1898 veranlaßt zu erklären, man möge nun endlich und schleunigst mit dem Bau derselben beginnen. Da entschloß sich am 12. März 1898 die 1896 gegründete Rheinbahn, eine Konzession zu beantragen mit dem Ziel, die Betriebsführung der elektrischen Bahn zu übernehmen. Schon Wochen vorher, am 19. Februar 1898, trat die Allgemeine Lokal- und Straßenbahngesellschaft zu Berlin, u.a. Erbauer der Duisburger Straßenbahn, ebenfalls als Bewerber auf. Von Tippelskirch legte im Mai 1898 einen eingehend begründeten Plan für die Anlage einer normalspurigen, elektrisch betriebenen Kleinbahn von Düsseldorf über Kaiserswerth nach Duisburg vor.

Die Duisburger Stadtverordneten-Versammlung erklärte sich am 12. Juli 1898 mit diesen Planungen einverstanden, machte jedoch einen Vertragsabschluß zur Vorbedingung. In diesem wurde festgelegt, daß nach Ablauf von 45 Jahren die Stadt Duisburg in das von jeder Belastung freie Eigentum und in den Besitz der übernommenen Anlagen mit sämtlichem Zubehör treten solle. Am 23. August 1898 erkannte von Tippelskirch die von der Regierung gestellten Bedingungen als verbindlich an. Wenige Tage vorher, am 19. August, gab die Westdeutsche Eisenbahn-Gesellschaft ihren Verzicht auf den Bau dieser Bahn bekannt, einen Tag später erklärte dies

auch die Allgemeine Lokal- und Straßenbahngesellschaft.
Nach weiteren langen Verhandlungen wurde am 2. Januar 1899 ein ähnlicher Vertrag mit der Stadt Düsseldorf geschlossen. Die Regierung erteilte am 28. März 1899 der am 15. September 1898 gegründeten Düsseldorf-Duisburger Kleinbahn GmbH, deren Kapital je zur Hälfte von den Städten Düsseldorf und Duisburg aufgebracht worden war, die Genehmigung zum Bau und Betrieb der Kleinbahnlinie. Die Genehmigungsurkunde untersagte den Anschluß der Kleinbahn an die Staatsbahnhöfe in Düsseldorf und Duisburg. Eine Gleisverbindung war nur mit der Düsseldorfer Straßenbahn genehmigt worden, und zwar am südlichen Ende der Kleinbahn. Sitz der Gesellschaft Düsseldorf-Duisburger Kleinbahn wurde Kaiserswerth. Hier entstanden auch das Verwaltungsgebäude der Gesellschaft und ein Depot zur Aufnahme der Fahrzeuge.

Ausbau und Wagenpark der Düsseldorf-Duisburger Kleinbahn

Sofort nach Genehmigung durch den Regierungspräsidenten zu Düsseldorf am 28. März 1899 begann der Streckenausbau, beginnend an der Ecke Kaiserswerther und Nordstraße, wo eine dreigleisige Umsetzanlage errichtet wurde. Entlang der Kaiserswerther Straße ging es eingleisig in Seitenlage der Straßen und mit einigen Ausweichen versehen über Stockum und Lohausen bis Kaiserswerth. Zugleich verlängerte die Düsseldorfer Straßenbahn ihre Linie aus Richtung Jägerhof von der Sternstraße über die Duisburger Straße bis in die Nordstraße. Die Eröffnung des Streckenteils (Sternstraße –) Nordstraße – Kaiserswerth erfolgte am 31. Oktober 1899. Unmittelbar nach Inbetriebnahme dieser Teilstrecke begann der Weiterbau über Wittlaer, Kesselberg, Huckingen, Wanheim bis zur Endstelle in Duisburg, die man in der Düsseldorfer Straße in Höhe der Börse einrichtete. Diese Teilstrecke konnte am 1. August 1900 (nach anderen Quellen am 16. August 1900) eröffnet werden. Die Gesamtstrecke hatte eine Länge von 23,96 km einschließlich 2,65 km, die im Eigentum der Stadt Düsseldorf standen.
Ab 1901 fuhren zeitweilig die Triebwagen der Düsseldorf-Duisburger Kleinbahn bis zur Sternstraße, nachdem sie vorher ihre Beiwagen in der dreigleisigen Umsetzanlage Kaiserswerther Straße abgekuppelt hatten. Zur Erstausstattung des Wagenparks gehörten 21 zweiachsige Motorwagen und zehn ebenfalls zweiachsige Beiwagen, die die Waggonfabrik Weyer & Co. erbaut hatte. Die elektrische Ausrüstung lieferte die Union-Elektrizitätsgesellschaft. Die Triebwagen hatten Rollenstromabnehmer und zwei Motoren von je 25 PS Leistung, wiesen eine Länge von etwa 9 m auf, waren jedoch nur 2 m breit. Der Achsstand der Wagen betrug 2,5 m. Der Einstieg war jeweils hinten, verschlossen mit halbhohen Klapptüren. Unter den Mittelfenstern der verglasten Plattformen befanden sich die Zielschilder, an den Stirnfronten waren unter dem Dachrand und über den Rammbohlen die Scheinwerfer angebracht. Die Fahrzeuge waren dunkelgrau lackiert und wiesen beige Absetzungen auf. Die Eigentumsbezeichnung Düsseldorf-Duisburger Kleinbahn GmbH war unter dem seitlichen Fensterband aufgemalt. Alle Fahrzeuge besaßen wie auch die Wagen der Düsseldorfer Straßenbahn Pufferteller-Kupplungen.
Im Gegensatz zu den Triebwagen hatten die zweiachsigen Beiwagen Mitteleinstiege mit hohen Falttüren; sie waren mit Rücksicht auf die zeitweilig sehr starke Staubentwicklung auf der Landstraße völlig verglast. Die Außenmaße der Beiwagen waren identisch mit denen der Triebwagen; der Achsstand betrug jedoch nur 2,2 m. Auch sie führten an der jeweils hinteren Plattform ein Zielschild. Von der Duisburger Dampfbahn Duisburg – Mülheim-Broich wurden vier vierachsige Beiwagen des Baujahrs 1888 übernommen, deren Stirnfronten man bis 1910 nachträglich verglaste. Sie hatten eine Länge von 10 900 mm und einen Drehzapfenabstand von 5200 mm. In den Jahren 1913/14 verlängerte man ihre Plattformen um je 300 mm und änderte die Verglasung sowohl auf den Plattformen als auch an den Seitenwänden, die sechs große Fenster

erhielten. Im Inneren dieser Fahrzeuge wurden die vorhandenen Längssitze gegen Quersitze ausgetauscht. In dieser Ausführung liefen diese Vierachsbeiwagen in Duisburg noch bis 1955. Zum Fahrzeugpark gehörten noch ein Sprengwagen sowie zwei Arbeitswagen, einer für den Oberleitungsbau und einer zum Transport von Schienen.

Mit Aufnahme des Betriebs wurde eine Zugfolge von 20 Minuten eingerichtet bei einer Betriebsdauer von 6 Uhr früh bis 22 Uhr am Abend. Für die Überwindung der Gesamtstrecke Düsseldorf – Duisburg betrug die Fahrzeit 78 Minuten. Bei Bedarf wurde vornehmlich an Sonn- und Feiertagen zwischen der Nordstraße in Düsseldorf und Kaiserswerth ein Zehn-Minuten-Verkehr eingerichtet. Ab 1910 bot man in Düsseldorf einen Zwischenverkehr auf der Strecke Nordstraße – Deutscher Kaiser (Luftschiffhalle Stockum) an und baute einen großen Teil dieser Strecke zweigleisig aus mit einer Gleisschleife in Stockum.

Das Straßenbahnnetz nach der Neuordnung 1904

Im Mai 1902 eröffnete die Stadt Düsseldorf auf dem Gelände des heutigen Rheinparks eine Große Industrie-, Gewerbe- und Kunstausstellung. Hierzu mußte ein früheres Inselgelände aufgeschüttet und zur Bebauung hergerichtet werden. Im Ausstellungsgelände errichtete die Stadtverwaltung einen normalspurigen, 3 km langen Straßenbahnrundkurs. Um die Gartenanlagen nicht zu verunstalten, sah man von einer Oberleitung ab und entschloß sich zu einem Akkumulatorenbetrieb. Mit zehn Akkutriebwagen (davon fünf Sommerwagen) und acht Sommerbeiwagen konnten sich die Besucher den Weg zu den Ausstellungshallen verkürzen. Bei späteren Großausstellungen übernahmen Liliput-Eisenbahnen diesen Dienst. Nach Ausstellungsende gelangten die acht Sommerbeiwagen in den Bestand der Düsseldorfer Straßenbahn; die übrigen

2xTw 124 (Meterspur) aus dem Baujahr 1914 wurde 1960 zu einem Atw umgerüstet und 1962 ausgemustert

Fahrzeuge wurden anderweitig veräußert. Für diese Ausstellung richtete die Stadt eine Straßenbahnverbindung in Form einer Ringlinie vom Hauptbahnhof über das Schloßufer, die Ausstellungsschleife und den Corneliusplatz zurück zum Hauptbahnhof ein.
Durch diese Ausstellung erhielt die Düsseldorfer Straßenbahn einen starken Verkehrszuwachs. Neben der Ringlinie Hauptbahnhof – Ausstellung – Hauptbahnhof wurden weitere Veränderungen im Netz vorgenommen, die der Erreichbarkeit des Ausstellungsgeländes besonders dienlich waren. Das Jahr 1902 brachte aber auch noch die Eröffnung weiterer Strecken mit sich. Bereits Ende 1899 hatte die Stadt Düsseldorf die Verlängerungen schon vorhandener Strecken in einige Vororte geplant, wie nach Gerresheim, Eller und vom Derendorfer Markt nach Rath. Am 1. Mai 1902 konnte der Betrieb in die damals noch selbstständigen Gemeinden Eller und Gerresheim eröffnet werden.
Die Linie von Oberbilk nach Eller mußte am Staatsbahnübergang Hildener Straße gebrochen werden; die Querung der Gleise war von der Eisenbahn-Aufsichtsbehörde nur für Betriebsfahrten gestattet worden. So entstand zwischen dem Bahnübergang und der Endstation in Eller eine Pendellinie samt einem für die nötigen Fahrzeuge eigenen kleinen Betriebshof in der Kaiserstraße in Eller.
Ende Oktober 1902 erfolgte dann die Verlängerung in Gerresheim vom dortigen Rathaus bis zum Gerresheimer Bahnhof. So ergab sich nun ein Anschluß vom Gerresheimer Industrieviertel in die Düsseldorfer Innenstadt. Die Verlängerung der Derendorfer Linie nach Rath scheiterte bis 1908 an der nicht genehmigten Querung der Staatsbahngleise der Strecke Düsseldorf – Duisburg. Da der Wagenpark der Düsseldorfer Straßenbahn 1902 aus 154 Trieb- und 176 Beiwagen bestand und sich die Fahrzeuge der Gerresheimer Linie im Betriebshof Erkrather Straße nicht mehr unterbringen ließen, baute man für diese in Grafenberg an der Limburgstraße ein neues Depot, das am 1. Mai 1903 eröffnet wurde und den Wagenpark der Ratinger Linie mit aufnehmen konnte.

Düsseldorfs Bevölkerung, die Wohn- und Industrieviertel wuchsen von Jahr zu Jahr weiter, doch die Verkehrsanschlüsse hielten nicht mit. Andere Verkehrsgesellschaften hatten elektrische Straßenbahnstrecken an die Stadt herangeführt, doch in Düsseldorf war zu lange der Pferdebahnbetrieb im kleinen Innenstadtbereich aufrechterhalten worden. Um die fehlenden Verkehrsverbindungen herzustellen, plante die Stadtverwaltung die Einrichtung von „Automobil-Omnibus-Linien". Von diesen Plänen wurde jedoch nur die Linie Hafenamtsstraße – Hamm realisiert. Der Busbetrieb war jedoch nicht kostendeckend, das Defizit hatte der ebenfalls Verluste einfahrende Straßenbahnbetrieb zu tragen. Ab 1906 wurden daher Streckenverlängerungen und die Anlage von Neubaustrecken forciert. Alle neuen und verlängerten Strecken wurden sofort befahren. Ende 1904 bestanden in Düsseldorf acht Innen- und drei Außenlinien (die nachfolgende Liniennumerierung hatte 1904 noch keinen Bestand, dient aber dem besseren Verständnis):

I. Innenlinien:

1. *Derendorf – Corneliusplatz – Graf-Adolf-Platz – Bahnhof Bilk und zurück*
2. *Hauptbahnhof – Tonhalle – Dreieck – Nordfriedhof u.z.*
3. *Schadowplatz – Uhlandstraße – Grafenberg u.z.*
4. *Rathaus – Uhlandstraße – Zoologischer Garten u.z.*
5. *Rathaus – Corneliusplatz – Hauptbahnhof – Oberbilk Schmiedestraße u.z.*
6. *Rathaus – Graf-Adolf-Platz – Eller Straße – Oberbilk – Eller u.z.*
7. *Hafen – Graf-Adolf-Platz – Oststraße – Uhlandstraße u.z.*
8. *Wehrhahn – Unterbilk – Hauptbahnhof – Wehrhahn*

(1. und 8. gegenläufige Schleifenfahrt durch Bilk)

II. Außenlinien:

9. *Grafenberg – Rath – Ratingen u.z.*
10. *Schadowplatz – Grafenberg – Gerresheim u.z.*
11. *Rathaus – Oberbilk – Lierenfeld – Eller u.z.*

Bis 1906 waren diese Linien nur farblich gekennzeichnet:

1. *blaues Signallicht, blaues Wagenschild mit weißer Schrift*
2. *rotes Signallicht, rotes Wagenschild mit weißer Schrift*
3. *weißes Signallicht, weißes Wagenschild mit schwarzer Schrift*
4. *dunkelgrünes Signallicht, dunkelgrünes Wagenschild mit weißer Schrift*
5. *braunes Signallicht, braunes Wagenschild mit weißer Schrift*
6. *violettes Signallicht, violettes Wagenschild mit weißer Schrift*
7. *gelbes Signallicht, gelbes Wagenschild mit schwarzer Schrift*
8. *hellgrünes Signallicht, hellgrünes Wagenschild mit schwarzer Schrift*
9. *weißes Signallicht, weißes Wagenschild mit roter Schrift, mit rotem Stern*
10. *weißes Signallicht, weißes Wagenschild mit schwarzer Schrift, mit grünem Strich*
11. *violettes Signallicht, violettes Wagenschild mit weißer Schrift*

Im Jahre 1906 wurde durch Beschluß der Staßenbahn-Deputation die Einführung der Liniennumerierung verkündet; die farbliche Kennzeichnung blieb darüber hinaus noch einige Jahre bestehen.

3. Kooperation Düsseldorfer Straßenbahn – Rheinische Bahngesellschaft

Die Stadt Düsseldorf hatte die Entwicklung der Rheinbahn, die finanziell meist etwas besser dastand als die Düsseldorfer Straßenbahn, aufmerksam verfolgt. Die Erschließung neuer Wohn- und Arbeitsgebiete auf der linken Rheinseite durch diese Gesellschaft weckte das Interesse der Stadt, zumal einflußreiche Persönlichkeiten empfohlen hatten, die Verkehrsaufgaben in diesem Gebiet selbst wahrzunehmen. Aus einem 1907 geschaffenen Fonds für die Beteiligung der Stadt Düsseldorf an gewerblichen Unternehmungen übernahm die Stadt ein großes Paket an Rheinbahn-Aktien, das ihr maßgebenden Einfluß auf die weitere Entwicklung des Unternehmens ermöglichte. Damit erwuchsen der Stadt natürlich auch neue Aufgaben. Am 2. Oktober 1911 verpachtete die Stadtverwaltung die am 1. April 1911 erworbene Kleinbahn Benrath – Ohligs/Vohwinkel an die Rheinbahn und übertrug ihr auch die Betriebsführung. Mit der großen Eingemeindungsaktion am 1. April 1909, durch die die Stadt um 35 000 Einwohner anwuchs, gelangten auch die linksrheinischen Orte Heerdt,

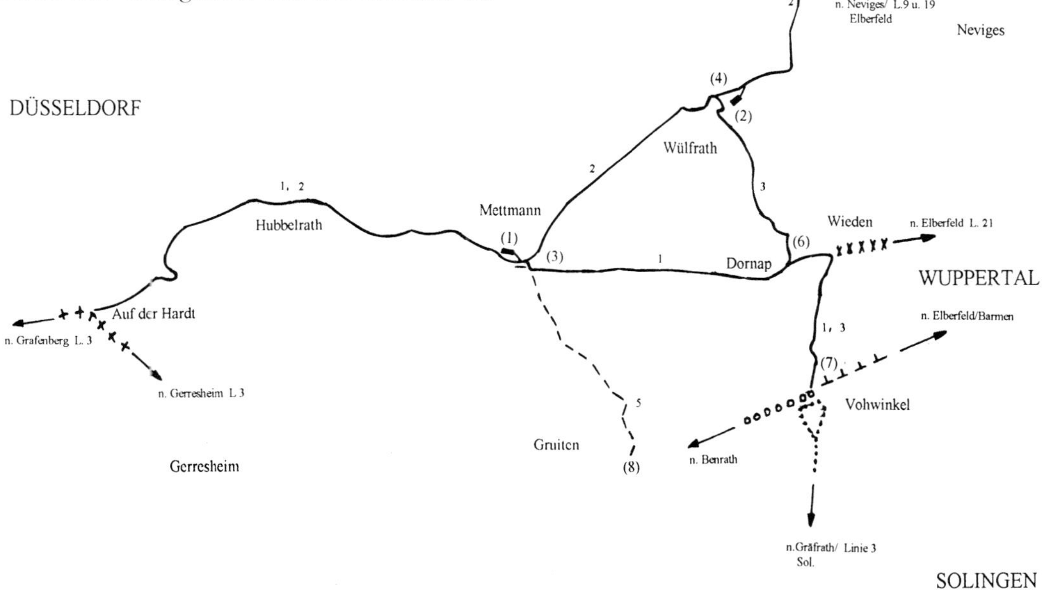

Obus Mettmann – Gruiten, L 5 (ab 1930)	-------------	Betriebshöfe:	Staatsbahnhöfe:
Nachbarschaftslinien:		(1) Mettmann	(3) Mettmann
		(2) Wülfrath	(4) Wülfrath
Straßenbahn Solingen	....		(5) Tönisheide
Bergische Kleinbahn	ooooooooooooo		(6) Dornap
Düsseldorfer Straßenbahn	+++++++++++++		(7) Vohwinkel
Straßenbahn Wuppertal	xxxxxxxxxxxxxx		(8) Gruiten
Schwebebahn Wuppertal	⊥⊥⊥⊥⊥⊥⊥⊥		

Streckenplan der Kreis Mettmanner Straßenbahn um 1910.

Ober- und Niederkassel sowie Lörick in das Düsseldorfer Stadtgebiet. Somit hatte Düsseldorf erreicht, was lange geplant war: die natürliche Grenze des Rheins im Westen zu überwinden und auf der anderen Stromseite Fuß zu fassen.

Die Fernlinien der Rheinbahn nach Krefeld, Lörick, Neuss und Moers endeten in Düsseldorf am Ratinger Tor. Ab 25. November 1899 wurden sie mit Unterleitung bis zum Graf-Adolf-Platz verlängert. Diese Unterleitung war recht störanfällig und stellte gegenüber dem Betrieb der städtischen Straßenbahnen mit Oberleitung eine Benachteiligung dar. Mit Übernahme der Aktienmehrheit der Rheinischen Bahngesellschaft durch die Stadt Düsseldorf wurde die Unterleitung durch eine normale Fahrleitung ersetzt. Ab 11. Mai 1907 konnten auch die Fernlinien der Rheinischen Bahngesellschaft durchgehend unter Oberleitung geführt werden. Zugleich verlegte man in den Straßen Düsseldorfs neue Gleise mit schwererem Profil und führte die Rheinbahnlinien für etwa drei Monate bis zum Hauptbahnhof, nahm sie aber nach Um- und Ausbauarbeiten am Graf-Adolf-Platz bis hierher zurück. Damit war die Möglichkeit gegeben, die Innenstadt Düsseldorfs von den linksrheinischen Vor- und Nachbarorten aus ohne Umsteigen zu erreichen.

Die Kreis Mettmanner Straßenbahn

Das Rheinisch-Westfälische Elektrizitätswerk (RWE) beabsichtigte kurz nach der Jahrhundertwende, von seinem Kraftwerk in Essen eine Stromleitung in den Raum Solingen zu verlegen; diese Leitung sollte Mettmanner Kreisgebiet berühren. Der Kreis machte seine Zustimmung davon abhängig, daß das RWE den Bau der Kleinbahn Vohwinkel – Dornap – Mettmann/ Wülfrath zusicherte. Am 5. August 1906 unterzeichneten das RWE und die vorgenannten Gemeinden einen Vertrag, der den Bau dieser Bahn

2xTw 6, ex Tw 26 der Kreis Mettmanner Straßenbahn GmbH, von Uerdingen im Jahre 1925 erbaut, fuhr ab 1952 im Düsseldorfer Stadtnetz. Im Mai 1955 betätigt er sich als Schleppfahrzeug für Beiwagen in der Alleestraße, heute Heinrich-Heine-Allee.

und die Übernahme der gemeindeeigenen Elektrizitätswerke durch das RWE vorsah. Am 19. Juli 1909 konnten die Linien Mettmann – Dornap und Vohwinkel – Dornap – Wülfrath in Betrieb genommen werden; die restlichen Strecken folgten bis Dezember des gleichen Jahres.

Im Gegensatz zu den Meterspurstrecken im Bergischen Land waren diese Linien in Normalspur ausgeführt. Mit der Eröffnung der Strecken Hubbelrath – Grafenberg (Auf der Hardt) und Schlupkothen – Tönisheide am 3. März 1910 war ein Netz von 30 km Länge entstanden. Der Ausbau der Strecken im Kreis Mettmann war damit vorerst abgeschlossen. Das RWE übertrug am 3. März 1910 Eigentum und Betriebsführung auf die neugegründete Kreis Mettmanner Straßenbahn GmbH, die mit einem Kapital von einer Million Mark eine Tochtergesellschaft des RWE wurde.

Die in Düsseldorf ansässige und weiter wachsende Industrie war auf immer mehr Arbeitskräfte angewiesen, die aus dem nahen und fernen Umland, insbesondere aus dem Kreis Mettmann, nach Düsseldorf strömten. Der Bau einer Straßenbahn, ausgerichtet auf die Stadt Düsseldorf, basierte u.a. auf dem Wunsch der Mettmanner Bevölkerung, ihre Arbeitsplätze bequem und schnell erreichen zu können. Mit der Verlängerung der Linie von Hubbelrath nach Grafenberg am 3. März 1910 war das Düsseldorfer Stadtgebiet mit der Endstelle Auf der Hardt erreicht.

Dies sollte aber nicht das unwiderrufliche Streckenende bedeuten; die Verlängerung in die Stadtmitte war von Beginn an geplant. Doch war hierzu das Einverständnis der Eisenbahnverwaltung zur niveaugleichen Kreuzung der Staatsbahngüterstrecke Eller – Rath erforderlich, die aber verweigert wurde. Noch einmal, 1929, nach weiteren Eingemeindungen und Bildung des neuen Landkreises Düsseldorf-Mettmann wurde bei der Deutschen Reichsbahn ein Antrag auf Kreuzungsmöglichkeit mit der Eisenbahn gestellt, der wiederum abgelehnt wurde. So mußten die Fahrgäste weiterhin umsteigen, um mit der Linie 3 (1929) in die Düsseldorfer Innenstadt zu gelangen.

Besitzveränderungen und Betriebsumstellungen

In den Jahren 1905/06 verfolgte das Rheinisch-Westfälische Elektrizitätswerk in Essen (RWE) mit Plänen von Hugo Stinnes, eine Monopolisierung der Elektrizitätswirtschaft im Ruhrgebiet herbeizuführen. Hierzu gehörten auch der Erwerb von Konzessionen für Bau und Betrieb elektrischer Bahnen, der Bau und Betrieb solcher Bahnen sowie die Beteiligung an Bahnunternehmen, wobei letzteres im Vordergrund der RWE-Geschäftstätigkeit stand. Die Bemühungen des RWE, an möglichst vielen Straßenbahnunternehmen Beteiligungen zu erhalten und dadurch vom notwendigen Zuwachs an elektrischer Energie zu profitieren, gelang nicht in dem Maße, wie es sich Hugo Stinnes vorgestellt hatte. Neben einigen anderen kleineren Unternehmen gelangte auch die Düsseldorf-Duisburger Kleinbahn 1906 für zwei Jahre vollständig in den Besitz des RWE; doch mit dem Scheitern der Monopolisierungsbestrebungen veräußerte das RWE die Kleinbahn am 15. April 1908 für 1 500 000 Mark an die Allgemeine Lokal- und Straßenbahngesellschaft, Berlin.

Differenzen zwischen der Stadt Düsseldorf und der Allgemeinen Lokal- und Straßenbahngesellschaft führten 1910 dazu, daß Düsseldorf von dem vertraglich festgelegten Recht, den auf dem Stadtgebiet gelegenen Teil der Kleinbahn aufzukaufen, Gebrauch machte und die Linie 10 von der Endhaltestelle Klever Straße über die Gleise der Kleinbahngesellschaft bis zur Schleife in Stockum verlängerte. (Stockum war 1909 durch Eingemeindung Teil der Stadt Düsseldorf geworden.) Durch diese Maßnahme ging der Kleinbahn der Lokalverkehr auf dieser Strecke verloren. Dies führte – nach Genehmigung der Aufsichtsbehörde – dazu, daß die Kleinbahn den Betrieb zwischen der Nordstraße in Düsseldorf und Stockum aufgab und die Fahrgäste von Düsseldorf nach Kaiserswerth oder Duisburg in Stockum von der städtischen Straßenbahn in die Kleinbahn umsteigen mußten. Durch die Aufgabe der Betriebsführung auf der Endstrecke in

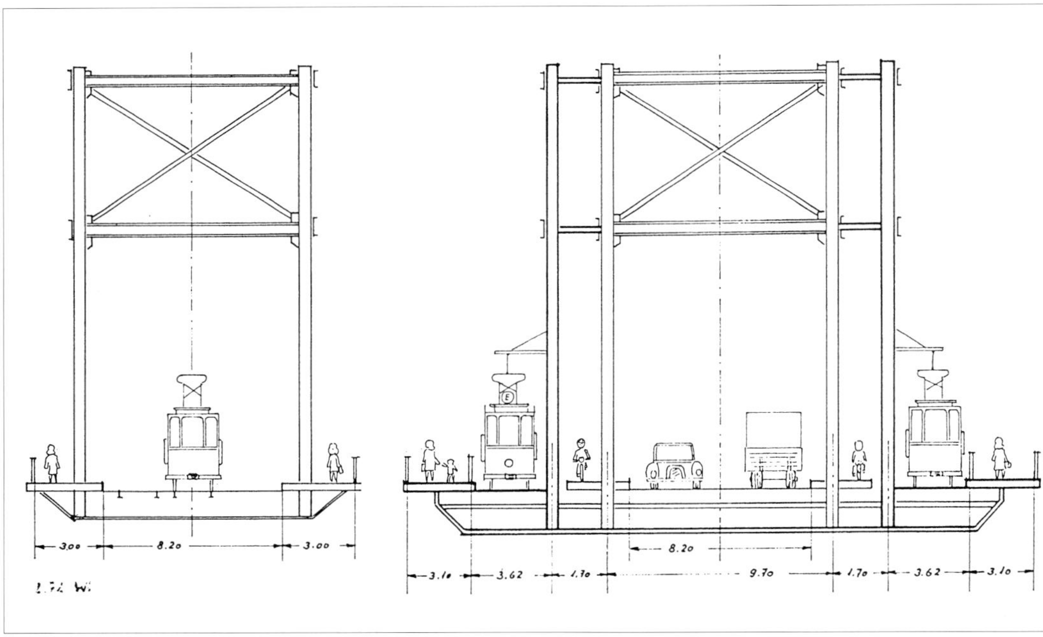

Die von 1896 bis 1898 durch die Rheinische Bahn-Gesellschaft erbaute erste feste Straßenbrücke über den Rhein zwischen Düsseldorf und Oberkassel war den Anforderungendes stärker gewordenen Verkehrs nicht mehr gewachsen, so daß sie in den Jahren 1925/1926 verbreitert wurde. Die Gegenüberstellung der beiden Zeichnungen zeigt die Breitenunterschiede links vor und rechts nach dem Umbau.

Düsseldorf und die Inbetriebnahme einer Duisburger Zweigstrecke verschob sich der Schwerpunkt des Unternehmens wesentlich in Richtung Duisburg. Am 30. Juni 1913 ging die Düsseldorf-Duisburger Kleinbahn zum Gesamtpreis von 2 100 000 Mark in den Besitz der Stadt Duisburg über, blieb aber als GmbH bestehen. Auf Düsseldorfer Stadtgebiet verblieb die Betriebsführung weiterhin bei den Düsseldorfer Straßenbahnen. Die Verwaltung der Kleinbahn verlegte zu diesem Zeitpunkt ihren Sitz von Kaiserswerth nach Duisburg.

Ausbau des Düsseldorfer Straßenbahnnetzes

Die folgenden Jahre bis zum Ausbruch des Ersten Weltkriegs 1914 waren gekennzeichnet vom weiteren Ausbau des Liniennetzes, vom Umbau eingleisiger in zweigleisige Strecken und von der Anlage von Gleisschleifen an Endstellen, um das Umkuppeln der Beiwagen unnötig zu machen.

Das Fahren mit der Straßenbahn war inzwischen zu einer Selbstverständlichkeit geworden, zumal sich die Fahrpreise nicht wesentlich verändert hatten. Auch konnten Übergangsfahrscheine zu benachbarten Verkehrsgesellschaften erworben werden, die eine Tarifverbilligung mit sich brachten. Im Frühjahr 1914 verkehrten folgende Linien der Düsseldorfer Straßenbahn:

SL 1: Rath – Derendorf – Corneliusplatz – Graf-Adolf-Platz – Bahnhof Bilk – Stoffeln

SL 2: Nordfriedhof – Dreieck – Tonhalle – Oststraße – Hauptbahnhof

SL 3: Grafenberg – Uhlandstraße – Tonhalle – Corneliusplatz – Rathaus

SL 4: Heinrichstraße – Uhlandstraße – Tonhalle – Elberfelder Straße

SL 5: Oberbilk/Stoffeler Straße – Hauptbahnhof – Bismarckstraße – Corneliusplatz – Rathaus – Kaiser-Wilhelm-Park

SL 6: Schloßufer – Rathaus – Graf-Adolf-Platz – Eller Straße – Lierenfeld – Eller

SL 7: Hafen – Bilker Kirche – Corneliusstraße – Oststraße – Wehrhahn – Uhlandstraße

SL 8: Südfriedhof – Bilker Kirche – Graf-Adolf-Platz – Hauptbahnhof – Uhlandstraße – Brehmplatz
SL 9: Hafenamtsstraße – Graf-Adolf-Platz – Hauptbahnhof – Pempelforter Straße – Schloßstraße – Schlachthof
SL 10: Stockum – Kaiserswerther Straße – Fischerstraße – Corneliusplatz – Graf-Adolf-Platz – Oberbilker Allee – Oberbilk/Kölner Straße
SL 11: Düsseltal – Brehmplatz – Ratinger Tor – Burgplatz
SL 12: Ratingen – Oberrath – Grafenberger Allee – Mendelssohnstraße
SL 13: Gerresheim/Bahnhof – Grafenberg – Uhlandstraße – Wehrhahn – Tonhalle – Schadowplatz
SL 14: Gerresheim/Rathaus – Auf der Hardt – Grafenberg – Hauptbahnhof – Fürstenplatz – Karolingerplatz
SL 15: Eller – Lierenfeld – Klosterstraße – Schadowplatz – Elberfelder Straße
SL 16: Hauptbahnhof – Bismarckstraße – Corneliusplatz – Fischerstraße – Klever Straße

Neben der Düsseldorfer Straßenbahn verkehrten auch noch die folgenden Linien der Rheinbahn:

A: Graf-Adolf-Platz – Oberkassel – Lörick – Büderich – Forsthaus Meer – Osterrath – Dießem – Krefeld/Rheinstraße
B: Graf-Adolf-Platz – Oberkassel – Heerdt – Handweiser – Bahnhof Neuss – Neuss/Obertor
C: Graf-Adolf-Platz – Oberkassel – Lörick – Büderich – Forsthaus Meer – Uerdingen – Trompet – Moers
D: Graf-Adolf-Platz – Oberkassel – Lörick

Ohne Linienkennzeichen verkehrten ab Nordstraße/Duisburger Straße die Düsseldorf-Duisburger Kleinbahn nach Duisburg, ab Haltestelle Auf der Hardt die Kreis Mettmanner Straßenbahn nach Mettmann und Vohwinkel und ab Oberbilk die Benrather Meterspurlinien (1914 zur Rheinbahn gehörend) nach Ohligs und Vohwinkel. Während die Düsseldorfer Straßenbahn und die Rheinbahn Liniennummern bzw. -buchstaben führten und die Düsseldorfer Straßenbahn zu den Ziffernkennzeichen immer noch farbige Zielschilder und farbige Signallampen hatte, waren die Bahnen der anderen Gesellschaften nur mit teilweise farbigen, meist aber weißgrundigen Zielschildern mit schwarzer Schrift gekennzeichnet.

Der „Straßenbahn-Güterzug", eine Notlösung im Ersten Weltkrieg auf Düsseldorfs Straßenbahngleisen.

Düsseldorfs Straßenbahn im Ersten Weltkrieg

Der Beginn des Ersten Weltkriegs im August 1914 war für die Düsseldorfer Straßenbahnen ein einschneidendes Ereignis. In den letzten Julitagen, anläßlich der allgemeinen Mobilmachung, wurden etwa zwei Drittel des Fahrpersonals zum Kriegsdienst eingezogen. Um dem Personalmangel zu begegnen, wurden kurzfristig Frauen eingestellt und zu Schaffnerinnen ausgebildet. Da es zu dieser Zeit nur wenige Kraftwagen gab, aber auch Pferde „eingezogen" wurden, mangelte es ebenso an Pferdefuhrwerken, und so mußten die meisten Transporte von der Straßenbahn übernommen werden, die Kohlen und Lebensmittel zu und von den „Kriegsküchen" und zu den Kellern und Lagern der Stadt transportierte. Die in Düsseldorf ansässige Stahlindustrie lief während des Kriegs auf vollen Touren, was die Beförderungsleistungen der Nahverkehrsbetriebe, um Personal und Güter zu den Produktionsstätten zu bringen, trotz Verkehrseinschränkungen enorm anwachsen ließ. Überfüllte Straßenbahnfahrzeuge waren nun die Normalität.

Investitionen unterblieben; die Straßenbahn hatte sogar mitzuhelfen, die Finanzlücken im Etat der Stadt zu decken. Dies führte 1917 zur Verteuerung der Tarife. Auf jeden Fahrschein wurde ein zusätzlicher „Kriegstarif" von 15 Pfennig erhoben; Arbeiter- und Schülerwochenkarten waren als „Sozialtarif" von der Verteuerung ausgenommen. Der einsatzfähige Wagenbestand und das verfügbare Personal reichten mit Fortdauer des Kriegs nicht mehr aus, um in den Hauptverkehrszeiten die Arbeiter zu den kriegswichtigen Industriebetrieben zu befördern. Um diese Verkehrsleistungen dennoch durchführen zu können, wurden einige Linien eingestellt, und das hierdurch freiwerdende Wagenmaterial diente zur Bildung von E-Wagen bzw. E-Zügen.

Auf Betreiben des Kaiserlichen Kommissars und Militärinspekteurs der freiwilligen Krankenpflege und des Oberpräsidenten der Rheinprovinz war 1902 eine Sanitätskolonne aufgestellt worden, deren Aufgabe es sein sollte, im Kriegsfall die Versorgung und den Transport verwundeter Soldaten in der Heimat zu übernehmen. Zu letzterem sollte auch die Straßenbahn herangezogen werden.

Bis zum Beginn des Ersten Weltkriegs führte diese Kolonne mit den Düsseldorfer Straßenbahnen mehrmals Gemeinschaftsübungen durch, um im Ernstfall für ihren Einsatz gewappnet zu sein. Schon zu Kriegsbeginn kamen etwa 200 Schwer- und Leichtverwundete am 19. August 1914 auf dem Güterbahnhof Düsseldorf-Oberbilk an, denen noch viele weitere Verwundete folgen sollten. Zum innerstädtischen Transport waren Sommerbeiwagen und geschlossene Trieb- und Beiwagen der Baujahre 1899/1902 umgerüstet worden, in denen man stoßsichere und stoßdämpfende Hängevorrichtungen für Krankentragen in der Weise angebracht hatte, daß sich stets zwei Bahren in Längsrichtung übereinander angeordnet befanden. Mit neun Trieb- und 23 Beiwagen bei etwa 160 Einsätzen wurden so im Laufe des Kriegs weit über 11 000 Verwundete oder Kranke zu den Lazaretten in Düsseldorf gebracht.

Zur Versorgung der Stadt mit lebensnotwendigen Gütern suchte man nach Möglichkeiten, diese trotz des dezimierten Wagenparks zu transportieren. Zu diesem Zweck wurde eine Gesellschaft gegründet, die den Namen „Straßenbahn-Güterzug-Studien-Gesellschaft Düsseldorf" trug und nach deren Vorstellungen Straßenbahntriebwagen ein oder zwei mit Vollgummirädern und Spurrollen versehene Fuhrwerkskarren durch die Straßen zu den Empfängern ziehen sollten. Es wurden fünf Karren dieser Art für den Schienen-Straßen-Verkehr beschafft, die abseits der Schienenstrecken von Ochsen (Pferde waren kaum noch vorhanden) zu ihren Zielen gezogen wurden.

Zur Versorgung der großen Rüstungsbetriebe, des Hafens und der Kohlenladeplätze entstanden auf mehreren Düsseldorfer Bahnhöfen wie auch in den großen Industriewerken Straßenbahnanschlußgleise, so daß die Gleislänge der Düsseldorfer Straßenbahn im Laufe des Kriegs von 160 km im Jahre 1913 auf 190 km Ende 1918 an-

Während des ersten Weltkrieges wurden Straßenbahnwagen zu Krankentransportwagen umgerüstet, um Kriegsverletzte vom Bahnhof Bilk in die Lazarette zu befördern. In einem ehemaligen Sommerwagen liegen Verletzte auf abgefederten Tragen.

stieg. Die im linksrheinischen Moers und Kamp-Lintfort liegenden Zechen konnten durch die Rheinische Bahngesellschaft mit Gleisen angeschlossen werden, so daß sich Brennstoffe ohne Umladen direkt nach Düsseldorf bringen ließen. Hierzu war ab 1916 eine große Anzahl von Güterwagen beschafft worden. Im letzten Kriegsjahr 1918/19 wurden allein durch die Düsseldorfer Straßenbahn über 22 000 t Kohle, Baustoffe und Lebensmittel transportiert.

Infolge der kriegsbedingten Veränderungen mußten viele Vorhaben der Stadt wie die Errichtung einer neuen Brücke und eines neuen Rathauses, aber auch Pläne der Straßenbahnverwaltung zur Anlage neuer und zum Ausbau vorhandener Strecken zurückgestellt werden. Auch die Planung und der Bau einer Schnellbahn von Köln über Düsseldorf bis Dortmund mit Einführung als Hochbahn und Weiterführung als Untergrundbahn in der Stadt fielen dem Krieg zum Opfer.

Zusammenschluß der Düsseldorfer Nahverkehrsunternehmen

Das Kriegsende im November 1918 brachte den linksrheinischen Vororten Düsseldorfs die Besatzung durch belgische Truppen ein, deren erste Maßnahme die Sperrung der Oberkasseler Brücke für den allgemeinen Verkehr war. Hiervon war der gesamte Verkehr der Rheinbahn betroffen; eine Weiterfahrt nach Düsseldorf war unmöglich geworden. Damit die Bahnen nach Krefeld, Moers und Neuss vor der Oberkasseler Brücke wenden konnten, entstand am Luegplatz eine Wendeschleife, die am 1. April 1919 fertiggestellt war. Am 9. Oktober 1919 durften erstmals Lokalzüge von Lörick in das rechtsrheinische Stadtgebiet Düsseldorfs fahren, denen im Januar 1920 die Linien von Krefeld, Moers und Neuss folgten.

4xSpeisewagen 1069 mit Rundbogenfenstern, Baujahr 1929, der Rheinischen Bahngesellschaft im Einsatz auf der Fernlinie D, 1950 an der Endstelle Duisburg Hbf.

Prototyp 2xTw 1935 aus dem Baujahr 1935 ist im Juni 1956 als Solofahrzeug auf der SL 2 Nordfriedhof – Hauptbahnhof auf der Jacobistraße steht an der Hst. Tonhallenstraße.

Der Fernbahnhof Graf-Adolf-Platz in Düsseldorf im Jahre 1931. Im Vordergrund steht ein Lokalzug der SL 1, Rath – Graf-Adolf-Platz – Stoffeln, auf Gleis 3 wartet ein Solo-Tw der Fernlinie D Düsseldorf – Duisburg auf die Abfahrt und in Gleis 4, welches vornehmlich der Abstellung von Beiwagen diente, steht ein solcher der Linie K und wird als Warteraum für Fahrgäste genutzt.

Ausgelöst durch die hohen Kriegskosten begann recht bald eine starke Geldentwertung. Die Preise für Löhne und Materialien stiegen ins Unermeßliche. Durch Tariferhöhungen wurde versucht, der Lage Herr zu werden, doch das Ergebnis war, daß die Zahl der Beförderungsleistungen stetig sank. Die Inflation brachte es mit sich, daß die Tarife 1923 bis zu zweimal wöchentlich und teilweise sogar über Nacht erhöht werden mußten. Die Schwierigkeiten am Ende des Kriegs und der Luxus, sich zwei Verkehrsunternehmen in einer Stadt zu leisten, ließen nunmehr eine Rationalisierung als geboten erscheinen. Der Betriebsdirektor der Rheinbahn übernahm mit Wirkung vom 15. Februar 1920 auch die Betriebsführung der Düsseldorfer Straßenbahnen. Im Dezember 1921 beschlossen die Düsseldorfer Stadtverordneten den Zusammenschluß der beiden Verkehrsbetriebe zu einem Unternehmen mit dem Namen „Rheinische Bahngesellschaft".

Diese Zusammenführung war nicht allein eine wirtschaftliche Maßnahme; der Zugriff der Besatzungsmächte auf städtisches Vermögen sollte durch Übergabe an eine privat geführte Aktiengesellschaft erschwert werden. Die ursprüngliche Trennung zu überwinden, nahm noch lange Zeit in Anspruch. Die Fahrzeuge trugen noch bis in die dreißiger Jahre vielfach die Eigentumsbezeichnung Düsseldorfer Straßenbahn, und im Verwaltungsgebäude Am Wehrhahn wurde noch lange zwischen den Angestellten der Rheinbahn und der städtischen Straßenbahn unterschieden.

Der 1935 erbaute Meterspurwagen 4xZRTw 113 für das Benrather Netz, ausgerüstet mit Drehgestellen, die auch für den Normalspurbetrieb ausgelegt waren. Die Aufnahme zeigt den Triebwagen im Anlieferungszustand von 1935.

4. Die Zeit zwischen den Kriegen

Wegen mangelnder Bereitschaft des Deutschen Reichs, Reparationen vertragsgerecht an Frankreich zu zahlen, rückten am 8. März 1921 französische Truppen ins Rheinland und so auch in Düsseldorf ein. Um die Reparationsansprüche zu befriedigen, wurde im Januar 1923 auch das Ruhrgebiet besetzt; Frankreich wollte sich die Ruhrkohle selbst holen. Hierzu wurden die Eisenbahnen im Rhein-Ruhr-Gebiet als „Regiebahn" unter französische Oberhoheit gestellt. Die Bevölkerung boykottierte diese Bahn; wer von Düsseldorf ins Ruhrgebiet wollte, benutzte die Straßenbahn. Mit ihr war es – wenn auch durch mehrmaliges Umsteigen – möglich, von Düsseldorf aus die Städte im gesamten Ruhrgebiet, aber auch entlang der Rheinschiene zu erreichen.
Mit Einführung der Rentenmark 1923 und der Reichsmark Anfang 1924 verbesserten sich die Verhältnisse. Es wurde wieder Kohle für die Bevölkerung und die deutsche Industrie gefördert, und man hatte stabiles Geld in den Händen. Die Besetzung des Rheinlands und des Ruhrgebiets war für Frankreich ein wirtschaftlicher und politischer Fehlschlag. Am 31. Januar 1926 rückten die Besatzungstruppen ab.

Oberkasseler und Düsseldorf-Neusser Brücke

Bei der Eröffnung der ersten Rheinbrücke, deren Bau durch Initiative und auf Kosten der 1896 gegründeten Rheinbahn zustande kam, waren sich die Verantwortlichen darüber einig, daß dieses Bauwerk in zu geringen Dimensionen geplant war. Die Nachteile der nur 8,20 m breiten Fahrbahn traten aber noch nicht so sehr in Erscheinung, weil das linksrheinische Gebiet gerade erst erschlossen wurde und große Verkehrsbewe-

Im November 1938 fand in Düsseldorf die Tagung des Verbandes öffentlicher Verkehrsbetriebe statt. Hierbei fand eine Wagenschau aus mehreren deutschen Straßenbahnbetrieben statt. Auf der Hildener Straße in Benrath präsentieren sich die Meterspurfahrzeuge in der Reihenfolge: Aachen-23, Düsseldorf-116, Erfurt-93, Essen-519-505-741-712, Gera-26 und Saarbrücken-112.

Tw 221 aus Hannover bei der Wagenschau 1938.

4x Tw 1252, 1937 noch mit Lyrabügel ausgestattet, im Einsatz auf der Fernlinie M nach Moers bei einem Halt in Meererbusch (Meerbusch).

Der Fünffenster-Tw 460 im Einsatz auf der SL 6 Oberbilk – Volksgarten um 1938. Auch zu dieser Zeit trugen die Wagen bereits Werbetafeln.

gungen noch nicht stattfanden. Doch dies änderte sich bald, und so ließ die Rheinbahn schon 1913 Pläne zur Brückenverbreiterung ausarbeiten, die jedoch aufgrund des Ausbruchs des Ersten Weltkriegs nicht verwirklicht werden konnten. Erst 1924, nach Überwindung der Inflation und nach ersten „Stauungen" auf der Brücke, kam das Projekt der Erweiterung wieder ins Gespräch. Für den Umbau wurden folgende Forderungen gestellt:

1. *Erweiterung der Fahrbahn um zwei Fahrspuren bei gleichzeitiger Verbreiterung der Gehwege*
2. *Aufrechterhaltung des Verkehrs während der Umbauzeit*
3. *Fertigstellung bis zum Frühjahr 1926*
4. *Anpassung des Neubaus an das vorhandene Brückenbild*

Nach Zustimmung der Strombau- und der Stadtverwaltung versagte jedoch die französische Besatzungsmacht den Umbau, weil sich die Behörden weigerten, im Mittelpfeiler zwei Sprengkammern einzubauen. Dies hätte die Standsicherheit der Pfeiler stark gefährdet. Nach zähen Verhandlungen wurde der Umbau schließlich genehmigt, doch hatte die Rheinbahn in einem eigens errichteten Gebäude 20 t hochwirksamen Sprengstoff bereitzuhalten, um nötigenfalls ihre eigene Brücke in die Luft zu sprengen.

Nach Überwindung aller Schwierigkeiten wurde mit dem Umbau begonnen. Die Verlegung des Oberbaus für die Straßenbahn begann im Januar 1926, und am 9. April 1926 passierte der erste Straßenbahnzug die neuverlegten Gleise auf der Brücke. Die vorherige dreispurige Brückenfahrbahn war nun dem allgemeinen Verkehr vorbehalten, außerhalb der Brückenbogen waren besondere Bahnkörper für die Straßenbahnen entstanden, und daran wiederum schlossen sich Gehwege an. Betrug die Brückenbreite vorher 14,2 m, so waren es jetzt 26,5 m. Diese Brücke bestand nur 19 Jahre. Mit Ende des Zweiten Weltkriegs versank das stolze Bauwerk der Rheinbahn durch Sprengung in den Fluten des Rheins. Zwischen Köln und Duisburg-Ruhrort war Mitte der zwanziger Jahre die Oberkasseler Brücke der

Auch die Normalspurfahrzeuge waren bei der Wagenschau 1938 vertreten. In der Reihenfolge zeigen sich hier: Nürnberg-711, Köln-1083, Kassel-216, Hannover-221 und Hamburg 3035.

Halt eines Zweiwagenzuges der Linie 20 Reeser Platz – Oberbilk im Jahre 1938 vor dem Benrather Hof auf der Königsallee in Düsseldorf.

Der vierachsige Beiwagen 1079 aus der Serie 1073-1080, Baujahr 1924/1925 im Einsatz auf der Fernlinie K, Graf-Adolf-Platz, 1958.

einzige feste Rheinübergang für den allgemeinen Verkehr. Die Verkehrsverhältnisse verlangten inzwischen im Raum Düsseldorf nach einer weiteren Verbindung zwischen beiden Ufern. So gründete sich 1926 eine Brückenbaugesellschaft, um im Düsseldorfer Süden eine neue Brücke für den Straßenbahnbetrieb und für die Benutzung anderer Verkehrsträger zu errichten. Im Oktober 1929 war die Brücke fertiggestellt. Die Straßenbahn hatte in der Mitte einen eigenen Gleiskörper erhalten, an den sich rechts und links zweispurige Autofahrbahnen sowie Rad- und Gehwege anschlossen. Da die Brücke außerhalb der städtischen Bebauung errichtet worden war, mußten auch Brückenrampen und Zubringerstraßen angelegt werden, auf denen ebenfalls eigene Gleiskörper für die Straßenbahn entstanden.

Mit der Brückeneröffnung richtete die Rheinbahn zusammen mit der Neusser Straßenbahn (die hierzu drei Züge stellte) eine Rundlinie Düsseldorf – Neuss ein. Das geringe Verkehrsaufkommen auf dem südlichen Streckenteil dieser Linie führte dazu, daß die Triebwagen in verkehrsschwachen Zeiten solo verkehrten und die Beiwagen abgestellt wurden. Hierdurch kam es häufig zur unterschiedlichen Kupplungen von Trieb- und Beiwagen beider Verkehrsunternehmen. Da die Bodenhöhe zwischen Düsseldorfer und Neusser Fahrzeugen unterschiedlich war, wurde zwischen diesen Wagen eine Übergangskupplung benutzt.

Speisewagenbetrieb nach Krefeld

Noch vor Beginn des Ersten Weltkriegs begann die Rheinische Bahngesellschaft mit dem zweigleisigen Ausbau der hierzu schon vorbereiteten Strecke in Richtung Krefeld. Nach der kriegsbedingten Unterbrechung wurden die Arbeiten in den zwanziger Jahren fortgesetzt und 1930 mit der Neuordnung auf dem Ostwall in Krefeld abgeschlossen. Das Fahrgastaufkommen war inzwischen so stark angestiegen, daß der vorhan-

dene Fahrzeugpark für die Bedienung der Fernlinie A Düsseldorf – Krefeld nicht mehr ausreichte. Abhilfe sollte 1925 die Beschaffung von drei vierachsigen Mitteleinstiegstriebwagen bringen, die mit den 1912 erworbenen Triebwagen fast bautypengleich waren. Außerdem wurden 1924/25 vierachsige Beiwagen ausgeliefert. Die drei ersten Exemplare dieser Beiwagen waren als Speisewagen ausgeführt.
Die Speise- und Beiwagen entsprachen US-amerikanischen Vorbildern. Sie waren mit Ganzstahlaufbauten versehen. Neben einem Tonnendach ohne Lüftungsklappen wiesen sie seitlich sieben zu öffnende Rundbogenfenster auf. Die drei Speisewagen besaßen in der Wagenmitte eine kleine Küche und waren recht luxuriös eingerichtet mit lederbezogenen Bänken in Abteilanordnung und Tischen dazwischen sowie mit edelholzverkleideten Innenwänden und Decken. Für einen Straßenbahn-Betrieb war die Indienststellung von Speisewagen etwas Besonderes und Einmaliges, das sowohl in der nationalen und internationalen Presse als auch in der Fachpresse große Beachtung fand. Äußerlich waren die Fahrzeuge mit einem Anhängeschild „Restaurationswagen" gekennzeichnet; später erhielten sie auf der unteren Wagenkastenhälfte die Aufschrift „Speisewagen". Zu diesen drei Wagen gesellte sich ein weiterer, der auf der 1926 stattgefundenen Ausstellung für Gesundheit, Sozialfürsorge und Leibesübung („Gesolei") als Ausstellungsobjekt zu sehen gewesen war und erst 1929 mit der Wagennummer 1069 dem Rheinbahn-Wagenbestand zugerechnet wurde. Von den insgesamt 14 beschafften Beiwagen trugen die Speisewagen die Wagennummern 1069 bis 1072, die übrigen die Nummern 1073 bis 1080. In den Speisewagen fanden 32, in den Beiwagen 40 Fahrgäste einen Sitzplatz.
Der im Ersten Weltkrieg unterbrochene Schnellstraßenbahnverkehr Düsseldorf – Krefeld wurde 1924 wieder aufgenommen. Jede Stunde verkehrte ein Zug, bestehend aus einem Trieb- und einem Beiwagen bzw. Speisewagen mit wenigen Zwischenhalten vom Graf-Adolf-Platz in Düsseldorf bis Krefeld und umgekehrt. Die seitlich angebrachten Zielschilder trugen die Aufschrift „Schnellzug nach Krefeld" (Düsseldorf). Die Möglichkeit zur Einnahme von Speisen und Getränken während der Fahrt wurde von den Reisenden sehr begrüßt; diese Einrichtung erfreute sich regen Zuspruchs. Neben den Schnellzügen verkehrten noch Personenzüge zwischen beiden Endstellen, ferner auch Vorzüge zu den Hauptverkehrszeiten, wodurch die 30-Minuten-Zugfolge noch verdichtet wurde. Bei Sonderveranstaltungen mit großem Publikumsandrang gab man den Zügen bis zu drei Beiwagen mit. Durch die Neubeschaffung der Trieb- und Beiwagen war fortan eine ausreichende Bedienung der Fernlinie Düsseldorf – Krefeld gewährleistet
Die Fernlinie C nach Moers wurde alle 60 Minuten mit Zwischenkursen vom Graf-Adolf-Platz in Düsseldorf bis Uerdingen bedient, wobei Vierachstriebwagen als Solofahrzeuge zum Einsatz kamen. In Moers fand diese Fernlinie Anschluß an die Straßenbahn Moers – Kamp – Rheinberg, und Mitte der zwanziger Jahre verlängerte die Rheinbahn ihre Linie über Moers hinaus bis nach Lintfort. Dadurch wurde der Zugabstand Moers – Lintfort auf 30 Minuten verkürzt. Mit einer Linienlänge von etwa 45 km zwischen Düsseldorf und Lintfort und einer Fahrzeit von annähernd 100 Minuten gehörte diese Strecke zu einer der längsten Straßenbahnlinien in Deutschland.
An der Fernlinie A Düsseldorf – Krefeld lag die Gemeinde Büderich, deren Station sich abseits der Ortsbebauung befand und die nur durch lange Fußmärsche zu erreichen war. Am 11. Oktober 1925 eröffnete die Rheinbahn eine neue Linie D von Mererbusch (heute Meerbusch) über Büderich zur Haltestelle Handweiser in Heerdt. Mit dieser neuen Linie, die später die Linienbezeichnung B erhielt (der Buchstabe D war an die neue Schnellstraßenbahn Düsseldorf – Duisburg abgegeben worden), bestand nicht nur eine bessere Anbindung Büderichs an Neuss und Düsseldorf, sondern auch eine kürzere (Umsteige-) Verbindung für die Fahrgäste aus Krefeld und Moers zur Neusser Innenstadt. Auf dieser etwa 4 km langen Strecke verkehrten bis zum Ende des Zweiten Weltkriegs ausschließlich zweiachsige Solotriebwagen im 30-, später im 15-Minuten-Takt.

Obusverkehr der Kreis Mettmanner Straßenbahn

Im November 1926 hatten das RWE und die Mettmanner Straßenbahn beschlossen, die seit Anfang der zwanziger Jahre bestehende Omnibuslinie Mettmann – Wülfrath durch den Neubau einer Straßenbahnstrecke zu ersetzen. Diese 5,9 km messenden Linie, die mitten durch die Mettmanner Altstadt führte, wurde am 7. Juni 1928 dem Verkehr übergeben. Das Straßenbahnnetz war nun auf 36 km Länge angewachsen und hatte damit seine größte Ausdehnung erreicht.

Zwischen Gruiten und Mettmann bestand seit 1925 ebenfalls eine Omnibusverbindung, die eingerichtet worden war, weil die in Frage kommenden Straßen zwischen beiden Orten zu eng waren und einen Straßenbahnbetrieb nicht zugelassen hätten.

Das RWE entschloß sich 1929 zur Einrichtung eines Obusverkehrs, an dessen Stromverbrauch dem Unternehmen als Stromproduzenten nur gelegen sein konnte. Diese Obusstrecke war zugleich als Teststrecke für einen modernen Obusbetrieb gedacht, deren Technik mit anderen Vorläuferbetrieben nicht zu vergleichen war.

Die ersten Probefahrten fanden am 30. Juli 1930 statt, die offizielle Eröffnung der Strecke war am 26. August 1930. Zur Bewältigung der 5,8 km langen Strecke wurden 23 Minuten benötigt. Da ein 60-Minuten-Takt bestand, reichte eines der beiden beschafften Fahrzeuge hierzu aus. Die Einrichtung eines Trolleybusses – wenn man von früheren Versuchen mit „gleislosen Bahnen" wie 1882 in Wilmersdorf, 1901 im Bielatal in der Sächsischen Schweiz und anderen einmal absieht – war zu dieser Zeit einmalig, sie machte dieses System in Deutschland bekannt.

Die verhältnismäßig geringe Besiedlung des Gebiets mit seinen engen Straßenkurven und Steigungen führte zu erheblich erschwerten Betriebsverhältnissen. Das Mettmanner Netz florierte daher nicht sonderlich. Die Behinderung durch die Reichsbahn, die das Erstarken der lokalen Verkehrsnetze mit Argwohn betrachtete, ließ die Einführung der Linie Mettmann – Düsseldorf in das Düsseldorfer Stadtzentrum nicht zu.

Eine wirtschaftliche Verbesserung konnte die Kreis Mettmanner Straßenbahn ab Mitte der dreißiger Jahre verzeichnen, doch durch die Zunahme des Individualverkehrs wurde die Straßenbahn auf den engen Straßen zu einem Verkehrshindernis. Das Verlangen nach Umstellung auf den flexibleren Autobus wurde immer stärker, so daß die Mettmanner Straßenbahn den schienengebundenen Verkehr zwischen Düsseldorf und Mettmann aufgab.

Schon am 10. Dezember 1936 richtete die Rheinbahn, die am 14. April 1937 das gesamte Kreis Mettmanner Straßenbahnnetz mit Anlagen, Fahrzeugen und Konzessionen übernahm, eine Omnibusline zwischen Mettmann und der Düsseldorfer Innenstadt ein. Planungen, zwischen Düsseldorf und Mettmann eine schnellbahnähnliche Strecke wie nach Duisburg oder Krefeld zu erbauen, machte der Ausbruch des Zweiten Weltkriegs zunichte. Das Reststreckennetz erhielt im April 1937 den Rheinbahn-Fernlinien entsprechende Buchstaben-Bezeichnungen:

Linie N: Mettmann – Wülfrath
Linie T: Tönisheide – Wülfrath – Dornap
Linie W: Mettmann – Dornap – Wieden – Vohwinkel.

Die doppelte Linienführung zwischen Wieden und Vohwinkel wurde aufgegeben, die Obuslinie Mettmann – Gruiten erhielt die Düsseldorfer (Bus-)Liniennummer 59. Auf Anweisung der Aufsichtsbehörde mußte die Rheinbahn zum 1. Januar 1940 die Strecke Wülfrath – Dornap an die Wuppertaler Bahnen abgeben, die nun eine neue Linie 21 Wülfrath – Dornap – Wieden – Elberfeld einrichteten. Der Rheinbahn verblieb neben der Obuslinie Mettmann – Gruiten nur die Linie W Mettmann – Vohwinkel, die im Krieg stark beansprucht wurde. Wegen Strommangel mußte sie jedoch Anfang Februar 1945 ihren Betrieb einstellen.

Obus Nr. 1 der ehemaligen Kreis Mettmanner Straßenbahn, seit April 1937 der Rheinbahn zugehörig, präsentiert sich dem Betrachter anläßlich der Wagenschau im November 1938 in der Düsseldorfer Altstadt.

Bus 7703 mit Hänger und Meterspur-Tw 118 mit Bw 833 auf der Strecke Ohligs – Benrath (Düsseldorf) bei einem Zwischenhalt in Hilden, Juni 1960.

Kraftwagen-, Luft- und Schiffsverkehr der Rheinbahn

Schon 1907 hatte die Stadt Düsseldorf eine Kraftwagenlinie von der Straßenbahnendstelle Bilker Kirche nach Hamm mit noch vollgummibereiften Omnibussen eingerichtet, die jedoch 1910 wieder eingestellt wurde. Mitte der zwanziger Jahre waren interessierte Kreise bestrebt, zu umliegenden Ortschaften ohne Bahnanschluß Kraftwagenlinien zu betreiben. So gründete sich am 6. November 1924 die Rheinische-Kraftwagen-Betriebsgesellschaft, der neben den Stadt- und Landkreisen M.-Gladbach, Solingen und Remscheid ab Januar 1925 die Lankreise Düsseldorf und Solingen, die Kreise Erkelenz und Heinsberg und die Stadt Neuss beitraten. Der größte Kapitalgeber mit 55% des 1,1 Millionen Mark betragenden Kapitals war die Rheinbahn, die auch die Federführung dieser neuen Gesellschaft übernahm.

Neben den Linien für die Personenbeförderung entstand 1926 in Zusammenarbeit mit der Reichsbahn eine Eisenbahnkraftfahrlinie für den Güterverkehr der Düsseldorfer Güterbahnhöfe und der Bahnhöfe in der Umgebung wie Hilden, Langenfeld, Opladen, Schlebusch u.a. Als die Weltwirtschaftskrise die Rentabilität dieses Unternehmens in Frage stellte, löste sich die Kraftwagen-Betriebsgesellschaft am 1. Oktober 1929 wieder auf und ging an lokale Verkehrsbetriebe über. Die Rheinbahn erhielt hierbei die Konzessionen für die Linien nach Solingen, Mülheim/Ruhr und Langenfeld. Bald kamen weitere Linien hinzu, insbesondere im Raum Mettmann. Bis 1939 umfaßte das Kraftverkehrsnetz der Rheinbahn elf Linien. So wurde u.a. auch Essen angefahren. Zu Kriegsbeginn 1939 besaß die Rheinbahn 22 drei- und 23 zweiachsige Omnibusse, acht zweiachsige Anhänger und für Rundfahrten zwei offene, mit Klappverdeck versehene Fahrzeuge. Hinzu kamen noch die beiden Obusse der Linie Mettmann – Gruiten.

Vor dem Ersten Weltkrieg bestand auf dem Gelände der Golzheimer Heide bereits ein Luftschifflandeplatz mit einer Luftschiffhalle – bis zur Stillegung 1919 der militärischen Nutzung vorbehalten. Nach Aufhebung der Beschränkungen mit Abzug der Besatzungstruppen kam unter der Betriebsführung der Rheinbahn ein Anschluß Düsseldorfs an den Luftverkehr zustande. Nach Abschluß eines Vertrags mit der Reichsregierung verpachtete die Stadt Düsseldorf an die Rheinbahn den Landeplatz Lohausen, von dem die Lufthansa aus je eine Fluglinie nach Berlin, Hamburg und Genf im Mai 1927 in Betrieb nahm. Die Stadt Düsseldorf und die Rheinbahn gründeten im September 1927 die Düsseldorfer Flughafenbetriebsgesellschaft m.b.H., die von der Stadt das Gelände und die vorhandenen Anlagen kostenfrei erhielt. Nach Übernahme der Gesellschaftsanteile durch die Stadt schied die Rheinbahn 1934 aus dieser Gesellschaft aus.

Mit dem Abbau der Schiffsbrücke zwischen der Düsseldorfer Altstadt und Oberkassel anläßlich der Verkehrsübergabe einer festen Rheinbrücke am 12. November 1898 war eine Fährverbindung zwischen beiden Ufern eingerichtet worden. Die hierzu beschafften beiden Rheinbahn-Dampfboote hatten inzwischen ausgedient und wurden ab 1925 durch zwei Motorboote ersetzt. Im Frühjahr 1926 nahm die Rheinbahn nun auch einen regelmäßigen Schiffsverkehr mit sechs neuen Fahrgastschiffen auf, die die links- und rechtsrheinischen Vor- und auch weiter entfernte Orte ansteuerten.

Erstmalig hatte 1902 in Düsseldorf auf dem Gelände des heutigen Rheinparks eine Gewerbe- und Kunstausstellung stattgefunden. Nach einer 24jährigen Pause wurde am 8. Mai 1926 die große Ausstellung für Gesundheit, Sozialfürsorge und Leibesübungen („Gesolei") eröffnet, in der aber auch die Industrie und die Verkehrsindustrie ihre Produkte darboten. Auf dieser Ausstellung präsentierte die Rheinbahn ihre zuletzt beschafften Trieb- und Beiwagen, speziell den ersten Speisewagen für die Fernlinie nach Krefeld. Statt des 1902 betriebenen Rundkurses mit Akku-Straßenbahnen erfolgte die Personenbeförderung im Ausstellungsgelände nun mit einer Liliput-Bahn, bestehend aus einer Dampflok, die den Pacific-Loks der Deutschen Reichsbahn

Noch einmal Obus Nr. I im November 1938 auf der Ausstellungsstraße in der Düsseldorfer Altstadt.

Zur Wagenschau November 1938 war für Obusse anderer Betriebe wie Berlin (vorne) und Hannover (dahinter) ein eigener Rundkurs mit Fahrleitung eingerichtet worden, die später wieder entfernt wurde.

nachempfunden war und eine Spurweite von 381 mm besaß, sowie offenen Personenwagen. Das Ausstellungsgelände war mit einer eigenen Linie G mit dem Hauptbahnhof und der Innenstadt verbunden.

Im Jahre 1925 endeten am Graf-Adolf-Platz die zwei Fernbahnlinien A nach Krefeld, C nach Moers und die Lokallinie 17. Da zum 1. Mai 1926 noch die Fernlinie D nach Duisburg hinzu kommen sollte und der alte Gleisbogen für den Wendeverkehr von vier Linien nicht mehr ausreichte, beschloß die Rheinbahn den großzügigen Umbau in einen viergleisigen Bahnkörper mit Bahnsteigen. Die Umgestaltung war am 1. Juni 1926 vollendet; Linie A hielt am ersten, Linie C am zweiten und Linie D am dritten Bahnsteig. Am vierten Bahnsteig sollten die Wagen der Mettmanner Straßenbahnen halten, doch da die Reichsbahn das Queren des Staufenplatz-Bahnübergangs nicht erlaubte, unterblieb die Verlängerung von der Haltestelle Auf der Hardt bis zur Innenstadt. Das vierte Gleis wurde dann der Lokallinie 17 zugewiesen.

Um der fehlenden Unterstellmöglichkeit für Fahrgäste abzuhelfen, stationierte die Rheinbahn nach Verlängerung der Lokallinie bis Vollmerswerth ab Dezember 1927 auf diesem Gleis einen vierachsigen Beiwagen als Warteraum, der den nötigen Licht- und Heizstrom aus der Fahrleitung bezog. In verkehrsschwachen Stunden wurden hier zusätzlich auch Beiwagen der Linie D abgestellt.

Aktivitäten der neuen Rheinbahn in den dreißiger Jahren

Anfang 1931 verkehrten in Düsseldorf 20 innerstädtische und drei Fernbahnlinien. Einige Anlagen wie der Vorplatz des Hauptbahnhofs waren der starken Frequentierung durch zehn Straßenbahnlinien nicht mehr gewachsen. So baute die Rheinbahn am Hauptbahnhof eine zweigleisige Umsetzstelle ab und errichtete eine viergleisige Anlage mit entsprechenden Bahnsteigen. Zu gleicher Zeit wurde auch der benachbarte Worringer Platz umgestaltet, wobei hier für alle Linien Haltestelleninseln entstanden. Diese Umgestaltungen brachten dem Straßenbahnverkehr Entlastung durch gleichzeitig geänderte Linienzuläufe, -abzweigungen und Schleifenfahrten.

Die Deutsche Reichsbahn begann 1929 durch Höherlegung ihrer Gleisanlagen im Düsseldorfer Stadtgebiet, die niveaugleichen Eisenbahn-Straßen-Kreuzungen zu beseitigen. Es entstanden Straßenunterführungen, die einen ungehinderten Verkehrsfluß in die Vororte erlaubten. So entfiel der Streckenabschnitt Eller, Kaiserstraße – Oberbilk, Heerstraße der Linie 6 am 18. Oktober 1932 ersatzlos. Die bis dahin in Oberbilk endende Linie 10 wurde am 18. November 1933 über eine Neubaustrecke bis zur Schlesischen Straße verlängert und von dort gemeinsam mit der Linie 15 zur Kaiserstraße in Eller geführt und über eine weitere Neubaustrecke bis zur Vennhauser Allee verlängert.

Nach Fertigstellung der Gleisanlagen-Neuordnung auf dem Ostwall in Krefeld im Jahr 1930, bei der die meterspurige Krefelder Straßenbahn und die regelspurige Fernlinie A der Rheinbahn richtungsabhängig gemeinsam auf Vierschienengleisen in Straßenseitenlage verkehren konnten, begann die Rheinbahn mit der Umgestaltung der Bahnanlagen auf der Fernlinie A. Die wichtigsten Straßen im Überlandbereich wurden mit Schranken gesichert, und einige Unterwegsstationen erhielten den Status eines Bahnhofs, verbunden mit der Errichtung höherer Bahnsteige, von Abgrenzungsgeländern und Fahrstraßensicherungen. Der Bahnhof Mererbusch wurde 1934 viergleisig ausgebaut, um die sich hier verzweigenden Fernlinien A, B und C im Richtungsbetrieb führen zu können.

Durch die umfangreichen Baumaßnahmen konnte die Höchstgeschwindigkeit auf der Linie A Düsseldorf – Krefeld auf 90 km/h angehoben werden. Auf den Linien B (Heerdt) und C (Moers, Uerdingen) waren die Vierachstriebwagen der Ursprungsausführung 1899/1902, inzwischen mit verstärkten Motoren versehen, im Einsatz, während auf der Linie A die Fahrzeuge der Beschaffungsjahre 1912/24 verkehrten, die schon zur damaligen Zeit über automatische

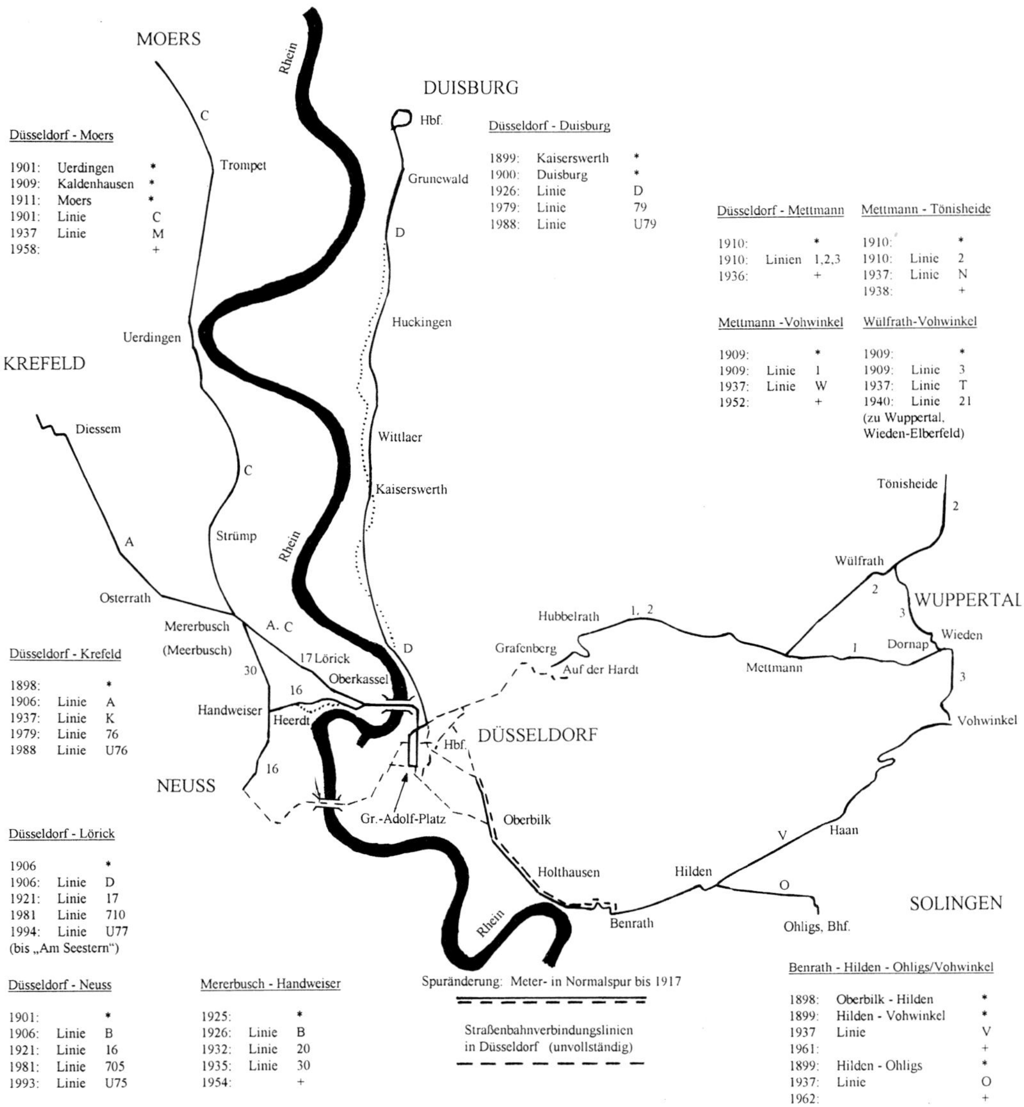

Das Fernbahnnetz der Rheinischen Bahngesellschaft AG 1935

Scharfenbergkupplungen mit elektrischen Kontakten verfügten. Allein die Druckluft-Bremsleitungen bedurften noch der manuellen Verbindung.

1932/33 wurden in Benrath im Süden Düsseldorfs umfangreiche Umbauten am Straßenbahnnetz vorgenommen. Dabei entstand anstelle des bisherigen Bahnübergangs eine breite Straßenunterführung unter der Eisenbahnstrecke nach Köln. Auch die Straßenbahnbrücke der Benrather Kleinbahn über die Eisenbahnstrecke mußte dem Bauvorhaben weichen. Die Endstellen der Linien nach Ohligs und Vohwinkel wurden 1930 bis zum Betriebshof der Kleinbahn, östlich des Benrather Reichsbahnhofs, zurückgenommen. Nach Beendigung der Bauarbeiten wurden sowohl die Meterspurstrecke der Linien O und V vom Betriebshof bis zur neuen Endstelle Paulistraße als auch die Normalspurstrecke der Linie 18 von Düsseldorf nach Benrath bis zum Be-

triebshof durch die neue Eisenbahnunterführung geleitet. Zwischen Paulistraße und Betriebshof verlegte man hierzu Dreischienengleise. Die Linie 18 erhielt am Betriebshof, die Linien O und V bekamen im Bereich des Benrather Bahnhofs eine Gleisschleife. Bis 1941 existierte noch ein Dreischienengleis bis zum Wuppertaler Wasserwerk in der Nähe der Haltestelle Am Trippelsberg in Düsseldorf-Holthausen.
Der Wagenpark des Benrather Netzes hatte Mitte der dreißiger Jahre ein Alter von bis zu 35 Jahren erreicht und bedurfte wie auch das Gleisnetz dringend der Erneuerung. Dies nahm die Rheinbahn zum Anlaß, die Personenbeförderung auf Busbetrieb umstellen zu wollen, zumal der Güterverkehr stark rückläufig war und 1932 auch eingestellt wurde. Doch die Anliegerstädte waren mit den Einstellungsplänen nicht einverstanden und erklärten sich bereit, die entstehenden Kosten der Erneuerung mitzutragen. Um den erwartenden Verkehrszuwachs bewältigen zu können, wurden gleichzeitig mit der Gleiserneuerung einige Ausweichen an den vornehmlich eingleisigen Strecken eingebaut. Zur Behebung des Wagenmangels spurte die Rheinbahn fünf Normalspurtrieb- und 13 Normalspurbeiwagen des Baujahrs 1905 auf Meterspur um und bestellte 1934 bei der Düsseldorfer Waggonfabrik 14 vierachsige Meterspurtriebwagen, deren Drehgestelle für eine eventuelle Umspurung in Normalspur vorgesehen waren.
Die Weltwirtschaftskrise zu Beginn der dreißiger Jahre mit vielen Millionen Arbeitslosen in Deutschland führte auch bei der Rheinbahn durch geringer werdende Verkehrsleistungen zu hohen Einnahmeverlusten, die nur durch Rationalisierung ausgeglichen werden konnten. Hierzu gehörte die Ausgliederung bahnfremder Betriebe und Übergabe an städtische Ämter wie: Grundstücke und Hausbesitz, die Oberkasseler Brücke, die Anteile an der Düsseldorf-Neusser Brücke und das Elektrizitätswerk in Oberkassel. Am 15. Dezember 1936 übernahm die Düsseldorfer Stadtverwaltung auch den Rest des ihr noch nicht gehörenden Aktienkapitals und gründete nach Aufhebung des Pachtvertrags vom Dezember 1922 unter dem neuen wie alten Namen die Rheinische Bahngesellschaft AG, die jetzt nur noch dem schienengebundenen Nahverkehr verpflichtet war.
Bis Ende der zwanziger Jahre dominierte in Deutschland der zweichachsige Straßenbahnwagen in Holzbauart, versehen mit großen Plattformen und geräumigen Abteilen. Im Hinblick auf Fertigungstechnik, Fahrleistung und Beschleunigung des Ein- und Aussteigens forderte der Staat zu jener Zeit die Entwicklung eines deutschen Einheits-Straßenbahnwagens, der Herstellungs- und Wartungskosten senken sollte. Solche Fahrzeuge waren von der Firma WUMAG in Görlitz schon 1928 nach Essen und später nach Dresden geliefert worden. Die 1928/29 an Düsseldorf gelieferten Wagen älterer Bauart entsprachen eigentlich schon nicht mehr dem damaligen Stand der Technik. Die Anfang der dreißiger Jahre durch Zusammenschluß der Firma Waggonfabrik Gebrüder Schöndorff, Düsseldorf-Lierenfeld, und der Firma Düsseldorfer Eisenbahnbedarf, vorm. Carl Weyer & Cie., Düsseldorf-Oberbilk und Düsseldorf-Reisholz, entstandene Düsseldorfer Waggonfabrik AG (DUEWAG) stellte der Rheinbahn 1935 und 1936 zwei neue Fahrzeuge in „Niederflurtechnik" vor. Diese Prototypen einer neuen Fahrzeugart kamen unter den Wagennummern 1935 und 1936, den Jahren ihrer Lieferung, in den Einsatz und bewährten sich so, daß die Rheinbahn Anfang 1937 je 20 Niederflurtrieb und -beiwagen bestellte.
Von Mai bis Oktober 1937 fand in Düsseldorf die Ausstellung Schaffendes Volk auf einem Areal zwischen Golzheim und Stockum, dem jetzigen Messegelände, statt. Zu diesem Anlaß nahm die Rheinbahn die bis Mitte 1997 bestehende viergleisige Strecke neben der Kaiserswerther Straße zwischen Reeser und Freiligrathplatz in Betrieb. Auf dem östlichen Gleispaar verkehrten die Züge der Linie D nach und von Duisburg, auf dem westlichen die bisher über die Straße führende Linie 10 zum Stadion. Die 1926 erbaute Schnellbahnstrecke durch die Golzheimer Heide wurde wieder stillgelegt und restlos abgebaut. Die Rheinbahn stellte in den Hallen keines ihrer neuen Fahrzeuge aus, sondern präsentierte die rechtzeitig gelieferten Niederflurfahrzeuge auf

Nach den verheerenden Großangriffen alliierter Bomberverbände auf die Innenstadt von Düsseldorf zeigt sich der Düsseldorfer Hauptbahnhof mit seinem Vorplatz kurz vor Kriegsende im zerstörten Zustand.

Nur wenige Jahre zuvor, im Jahr 1937, wirkt der großzügig angelegte Bahnhofsvorplatz mit den schmucken Hausfassaden noch einladend auf ankommende Reisenden.

der neugeschaffenen Ausstellungslinie A. Die Linienbezeichnung A für die Fernlinie nach Krefeld war inzwischen in K und die für die Fernlinie C nach Moers in M geändert worden.
Die Gleisumbauten und Streckenänderungen im Düsseldorfer Stadtgebiet nahmen bis zum Kriegsbeginn 1939 einen Umfang an, der einzeln aufgeführt den Rahmen dieses Buchs sprengen würde. Zu Beginn des Jahres 1939 verkehrten in Düsseldorf folgende Straßenbahnlinien:

SL 1: Rath – Derendorf – Corneliusplatz – Graf-Adolf-Platz – Bahnhof Bilk – Stoffeln – Wersten – Benrath/Betriebshof
SL 2: Nordfriedhof – Dreieck – Tonhalle – Oststraße – Hauptbahnhof
SL 3: Gerresheim/Bahnhof – Gerresheim/Rathaus – Grafenberg – Uhlandstraße – Corneliusplatz – Rathaus
SL 4: Rath/Bahnhof – Brehmplatz – Uhlandstraße – Corneliusplatz – Ratinger Tor – Belsenplatz
SL 6: Volksgarten – Oberbilk – Brehmplatz – Rethelstraße – Sternstraße – Ratinger Tor – Altstadt – Graf-Adolf-Platz – Eller Straße – Oberbilk/Markenstraße
SL 7: Unterrath – Kalkumer Straße – Dreieck – Tonhalle – Oststraße – Bilker Allee – Bilker Kirche – Franziusstraße
SL 8: Zoo – Brehmplatz – Uhlandstraße – Hauptbahnhof – Graf-Adolf-Platz – Hafen – Hamm
SL 9: Derendorf – Schlachthof – Pempelforter Straße – Hauptbahnhof – Graf-Adolf-Platz – Bilker Kirche – Südfriedhof
SL 10: Eller – Lierenfeld – Oberbilker Allee – Graf-Adolf-Platz – Königsallee – Corneliusplatz – Fischerstraße – Golzheim – Stockum – Rheinstadion
SL 11: Kaiserswerth – Lohausen – Stockum – Golzheim – Kaiserswerther Straße – Tonhalle – Oststraße – Hauptbahnhof
SL 12: Ratingen – Oberrath – Uhlandstraße – Wehrhahn – Corneliusplatz – Elberfelder Straße
SL 14: Grafenberg – Ackerstraße – Hauptbahnhof – Karolingerplatz – Krankenanstalten – Stoffeln
SL 15: Eller – Lierenfeld – Worringer Platz – Corneliusplatz – Elberfelder Straße
SL 16 (schwarz): Hauptbahnhof – Corneliusplatz – Ratinger Tor – Belsenplatz – Heerdt – Handweiser – Neuss/Bahnhof – Neuss/Markt – Selikumer Straße und weiter als: SL 16 (rot): Selikumer Straße – Südbrücke – Bilker Kirche – Graf-Adolf Platz – Hauptbahnhof
SL 17: Lörick – Belsenplatz – Ratinger Tor – Graf-Adolf-Platz – Bahnhof Bilk – Volmerswerth
SL 18: Benrath – Holthausen – Wersten – Hauptbahnhof – Corneliusplatz – Rathaus
SL 20: Reeser Platz – Kaiserswerther Straße – Sternstraße – Corneliusplatz – Graf-Adolf-Platz – Oberbilk/Kölner Straße
SL 21: Unterrath – Spichernplatz – Nordstraße – Ratinger Tor – Graf-Adolf-Platz – Bahnhof Bilk – Auf'm Hennekamp
SL 24: Grafenberg – Ackerstraße – Hauptbahnhof – Graf-Adolf-Platz – Bilker Kirche – Adersstiftung
SL 27: Hafen – Bilker Kirche – Corneliusstraße – Oststraße – Wehrhahn – Uhlandstraße – Grafenberger Allee – Staufenplatz
SL 28: Hafen – Graf-Adolf-Platz – Hauptbahnhof – Ackerstraße – Uhlandstraße – Brehmplatz – Düsselthal
SL 29: Derendorf – Schlachthof – Pempelforter Straße – Hauptbahnhof – Karolingerplatz – Auf'm Hennekamp
FL D: Düsseldorf/Graf-Adolf-Platz – Ratinger Tor – Golzheim – Stockum – Lohausen – Kaiserswerth – Wittlaer – Kesselsberg – Huckingen – Wanheim – Duisburg/Hauptbahnhof
FL K: Düsseldorf/Graf-Adolf-Platz – Ratinger Tor – Belsenplatz – Lörick – Büderich – Meerbusch – Osterrath – Fischeln – Krefeld/Hauptbahnhof – Krefeld/Rheinstraße
FL M: Düsseldorf/Graf-Adolf-Platz – Ratinger Tor – Belsenplatz – Lörick – Büderich – Meerbusch – Strümp – Lank – Uerdingen – Rumeln – Kaldenhausen – Trompet – Moers/Königlicher Hof
FL O: Benrath – Hilden – Ohligs
FL V: Benrath – Hilden – Haan – Vohwinkel/Kaiserplatz
FL T: Wülfrath – Düssel – Dornap
FL W: Mettmann – Dornap – Wieden – Vohwinkel/Kaiserplatz

Die beiden der Rheinbahn gehörenden Fernlinien T und W wie auch Straßenbahnlinien benachbarter Verkehrsgesellschaften berührten 1939 das Düsseldorfer Stadtgebiet nicht mehr.

Am 1. Mai 1938 wurden die Anteile der Düsseldorf-Duisburger Kleinbahngesellschaft von der Rheinbahn Düsseldorf und der Duisburger Straßenbahn je zur Hälfte übernommen. Die Eigentumsbezeichnung an den Fahrzeugen änderte sich entsprechend. Duisburg wurden die Triebwagen 12 bis 16 und die Beiwagen 55 bis 58 zugeschlagen, Düsseldorf die Triebwagen 17 bis 21 und die Beiwagen 59 bis 62. Das Heimatdepot der Duisburger Wagen blieb Grunewald, das der Düsseldorfer Wagen wurde der Betriebshof Handweiser. Nach dem Zusammenschluß der beiden Verkehrsträger Düsseldorder Straßenbahnen und Rheinische Bahngesellschaft im Dezember 1921 verfügte das neue Unternehmen Rheinische Bahngesellschaft über 340 Trieb- und 270 Beiwagen.

Bei Ausbruch des Zweiten Weltkriegs im Herbst 1939 versahen 3100 Mitarbeiter Dienst bei der Rheinbahn. Zur Bedienung des enorm angewachsenen Liniennetzes hatte sich die Anzahl der Triebwagen auf 401 und die der Beiwagen auf 324 erhöht. Hinzu kamen noch etwa 300 Güter- und Arbeitsfahrzeuge.

5. Die Verkehrsentwicklung nach 1945

Der Beginn eines neuen Kriegs in Europa war schon vor seinem Ausbruch im September 1939 erwartet worden, und so wurde bereits Ende 1938 damit begonnen, Frauen zu Schaffnerinnen auszubilden. Dies war dringend geboten, da bei der Rheinbahn schon Arbeitskräftemangel herrschte und Männer für den Schaffnerdienst nicht in ausreichender Zahl zur Verfügung standen, weil sie in ihrer Mehrzahl zum Waffendienst herangezogen wurden.

Der Düsseldorfer Schienennahverkehr unterschied sich dann in keiner Weise von der schwierigen Situation anderer deutscher Städte. Vorübergehend waren bis 1942 steigende Fahrgastzahlen zu vermelden, erbracht mit einem schrumpfenden Wagenpark, denn immer mehr Fahrzeuge fielen infolge Überlastung aus. Personal- und Wagenmangel führten mit Fortdauer des Kriegs zur Einstellung bzw. zur Zusammenlegung einzelner Linien.

Ein erster Großangriff britischer Bomberverbände zerstörte im September 1942 weite Teile der Innenstadt. Tausende Wohnhäuser wurden z.T. total zerstört. Die Verluste unter der Zivilbevölkerung waren erheblich. Auch die Rheinbahn wurde stark getroffen, 15 Trieb- und 12 Beiwagen völlig zerstört. Der Straßenbahnverkehr in der Innenstadt ruhte an einer Reihe von Tagen ganz. Doch dieser Luftangriff war erst der Auftakt zu einer großen Anzahl weiterer Bombardierungen. Bei Kriegsende hatte die Rheinbahn 151 Trieb- und 76 Beiwagen verloren.

Um die Wagenverluste durch Kriegseinwirkung in den deutschen Städten zu mildern, fand auf Befehl der Reichsregierung über das Reichsleistungsgesetz ein Fahrzeugaustausch der Städte untereinander statt. In besetzten Ländern wurden Straßenbahnen beschlagnahmt. So gelangten zum Kriegsende Fahrzeuge aus Breslau, Frankfurt/M und Magdeburg, aber auch aus Am-

2x-Meterspur-Tw 125, Baujahr 1914, überquert bei einem Rangiermanöver Normalspurgleise im Betriebshof Benrath, August 1947

Ein Zweiwagenzug der Fernlinie D, der Duisburger Verkehrsgesellschaft zugehörig, steht abfahrbereit auf Gleis 2 des Fernbahnhofes Graf-Adolf-Platz in Düsseldorf, Juni 1957.

Auch auf der Fernlinie waren bei Ausfall von 4x-Zügen zweiachsige Wagengarnituren im Einsatz, so wie hier Tw 375, Bw 338 und Bw 336 am 25. August 1952 in Krefeld Ostwall.

KSW-Tw 14 aus Siegen wartet im Depot Steinberg im Juni 1957 auf den Einsatz auf der Rundlinie 6 Am Steinberg – Graf-Adolf-Platz – Am Steinberg

Mitteleinstiegs-Bw 1068 der Fernlinie K während der verkehrsarmen Zeit in Ruhestellung auf Gleis 4 an der Endhaltestelle Fernbahnhof Graf-Adolf-Platz, September 1949.

Auch Duisburger KSW-Züge kamen nach Beendigung des 2. Weltkrieges zum Einsatz auf der Fernlinie D. Halt in einer vom Krieg gezeichneten Straße im August 1947.

Vorstellung des soeben angelieferten Neubaufahrzeuges 2xTw 375 im September 1950 in Gegenwart von Mitgliedern des Rheinbahn-Vorstandes.

Am 5. Juni 1960 fährt ein Zug der Fernlinie K, bestehend aus Tw 18, Speise-Bw 1069 und Bw 61 in den Bahnhof Lörick ein.

sterdam, Den Haag, Oslo, Rom und Wien nach Düsseldorf. Doch nur zum Teil kamen die ausländischen Fahrzeuge zum Einsatz.
Den ab 1942 von den deutschen Waggonfabriken entwickelten Kriegsstraßenbahnwagen beschaffte die Rheinbahn nicht. Erst lange nach Kriegsende erwarb sie von stillgelegten Straßenbahnbetrieben einige Fahrzeuge dieser Bauart.
Noch vor Kriegsende sprengten Wehrmachtsverbände am 1. und 3. März 1945 beide Rheinbrücken, so daß Düsseldorf wieder in eine rechts- und linksrheinische Seite geteilt war. Bereits am 2. März 1945 mußte der Betrieb auf der Linie D in ganzer Länge eingestellt werden, und am 8. März fand die Betriebseinstellung des rechtsrheinischen Netzes der Düsseldorfer Straßenbahn statt.
Nach Artilleriebeschuß durch amerikanische Kampfverbände wurde Düsseldorf am 17. April 1945 durch dieselben eingenommen.
Der Krieg fand sein Ende durch die bedingungslose Kapitulation Deutschlands am 8. Mai 1945. Düsseldorf lag in Trümmern, die in den letzten Kriegsjahren immer häufigeren Luftangriffe mit ihren Bombenteppichen und die Beschießung der Stadt vernichteten 42% des Wohnraumes und 33% der Industrieanlagen. Hatte Düsseldorf bei Ausbruch des Kriegs etwa 540 000 Einwohner, so waren es nunmehr nur noch 300 000.
Sofort nach Kriegsende setzte die Rheinbahn alle verfügbaren Mitarbeiter zu Aufräumungsarbeiten und zur Trümmerbeseitigung ein. Betriebshöfe wurden vom Schutt befreit, zerstörte Fahrzeuge abgebrochen, Fahrleitungsdrähte gesammelt und auf den Straßen verbliebene Straßenbahnwagen in die Depots gebracht. Im Mai 1945 waren von dem ehemals großen Fahrzeugpark nur noch 30 Wagen einsatzbereit. Mit Erlaubnis der Militärregierung nahmen am 8. Juni 1945 zwei Linien ihren Betrieb in wenig zerstörte Stadtteile auf: vom Schadowplatz nach Gerresheim und vom Schadowplatz nach Benrath, von wo aus auch die Linie O nach Ohligs am gleichen Tag wieder in Betrieb ging. Bis Ende 1945 waren etwa zwei Drittel des Vorkriegsnetzes wieder hergestellt. Auf 179 km Linienlänge verkehrten 16 Linien, die von insgesamt 82 instandgesetzten Trieb- und 110 Beiwagen befahren wurden.
Neben dem Wiederaufbau des eigenen Fahrzeugparks reparierte die Rheinbahn in ihren Wiederaufbauwerken auch Fahrzeuge aus anderen deutschen Städten, wie Bochum, Dortmund, Köln, Moers, Mönchengladbach, Rheydt, Solingen und Wuppertal, die ihre Fahrzeuge auf Culemeyer-Straßenrollern nach Düsseldorf brachten.
Bedingt durch die Sprengung der Rheinbrücken führte das linksrheinische Rheinbahnnetz bis zur Errichtung einer neuen Brücke ein Eigenleben. Erstmalig am 2. Juli 1945 verkehrten ausgehend vom Luegplatz in Oberkassel wieder zwei Straßenbahnlinien, eine zum Handweiser und eine auf der Fernlinie K nach Meerbusch. Die Verbindung zwischen den beiden Rheinufern stellten ab 25. Juni 1945 für Jahre zwei Rheinbahnboote her, die nach ihrer Versenkung gehoben und wieder fahrfähig gemacht worden waren. Im Laufe der Jahre kamen noch weitere, teils auch angemietete Schiffe hinzu, so daß in den Hauptverkehrszeiten bis zu vier Boote den Übersetzverkehr besorgten. Der Einnahmeüberschuß des Fährverkehrs floß in den Brückenbaufonds des Landes Nordrhein-Westfalen für den Neubau einer Brücke nach Oberkassel.
Schon Ende 1945 begannen erste Arbeiten wie Beseitigung durch Trennung bzw. Sprengung der Trümmer an der alten Flußbrücke. Mit Hilfe schweren Pioniermaterials der ehemaligen Deutschen Wehrmacht war geplant, eine Behelfsbrücke zu errichten. Sie durfte auf Anordnung der Militärbehörden nur zwei Fahrspuren erhalten und hatte so tragfähig zu sein, daß neben dem zu erwartenden Kraftfahrzeugverkehr auch vier Straßenbahnlinien den Rhein überqueren konnten. Ab dem Sommer 1946 begann die Montage dieser Brücke in einer Fachwerkkonstruktion, die am 7. Februar 1948 für den Auto- und Lastverkehr vorgezogen freigegeben wurde, da im Januar ein niederländischer Lastkahn die von britischen Pionieren erbaute Pontonbrücke zerstört hatte. Nach der endgültigen Fertigstellung konnten am 29. Mai 1948 wieder Straßenbahnen über die neue Brücke fahren. Am 17. November 1951 war dann auch die Rheinbrücke Düsseldorf-Neuss, nun mit einem besonderen Bahnkörper für die Straßenbahn, wieder hergestellt, so daß

nun die Ringlinie 16 nach Neuss in voller Länge wieder in Betrieb genommen werden konnte.
Der öffentliche Personennahverkehr in Düsseldorf profitierte nach der Währungsreform vom 20. Juni 1948 wie überall im westlichen Nachkriegsdeutschland von dem wirtschaftlichen Aufschwung. Materialien aller Art waren wieder beschaffbar, neue Mitarbeiter für den Fahrdienst und den Werkstättenbetrieb konnten eingestellt werden, einzelne Linien erhielten in der Innenstadt eine neue, großzügigere Führung, die Instandsetzung der restlichen beschädigten Straßenbahnwagen wurde verstärkt. Der Straßenbahnbetrieb der Rheinbahn erreichte 1954 mit 26 Linien und einer Gesamtstreckenlänge von 312 km seine größte Ausdehnung.

Die Situation der linksrheinischen Fernlinien

Bis zum Frühjahr 1945 gingen durch Kriegseinwirkung von den ehemals neun vorhandenen Mitteleinstiegstriebwagen der Baujahre 1912 und 1924 fünf verloren. An Beiwagen waren nach Beendigung des Kriegs noch 13, davon zwei Speisewagen, vorhanden. Insgesamt sechs Fahrzeuge diverser Bauarten (Mitteleinstiegs-, Rundbogenfenster- und Speisewagen) waren Bombenangriffe zum Opfer gefallen. Die erhalten gebliebenen Fahrzeuge bildeten in der Zeit von 1945 bis 1950 den betrieblichen Grundstock der Linie K. Die Triebwagen standen bis 1959/1960 im Einsatz, der letzte Beiwagen wurde 1959 verschrottet.
Anfang 1950 entstanden bei der DUEWAG für die Rheinbahn unter Nutzung ausgebrannter oder stark beschädigter Niederflurwagen der Vorkriegsbauart zehn zweiachsige Trieb- und neun bauartgleiche Beiwagen eines neuen Einheits-Straßenbahnwagentyps, der später Verbandswagentyp genannt wurde. Da diese Triebwagen eine Spitzengeschwindigkeit von 70 km/h erreichten, kamen sie vornehmlich auf der Fernlinie nach Krefeld und teilweise auch nach Moers zum Einsatz; auf beiden Linien bestand ein Man-

Im September 1949 gab es noch durchgehende Züge auf der Fernlinie M nach Moers. Tw 358 mit einem Bw wartet auf Gleis 1 des Fernbahnhofes Graf-Adolf-Platz neben einem Zug der Fernlinie D auf Abfahrt.

Mitteleinstiegs-4xTw 1005 und ein Mitteleinstiegs-4xBw, beide aus dem Baujahr 1912 befinden sich am 21. Oktober 1950 bei einem Zwischenhalt im Bahnhof Mererbusch (heute Meerbusch) der Fernlinie K Düsseldorf – Krefeld.

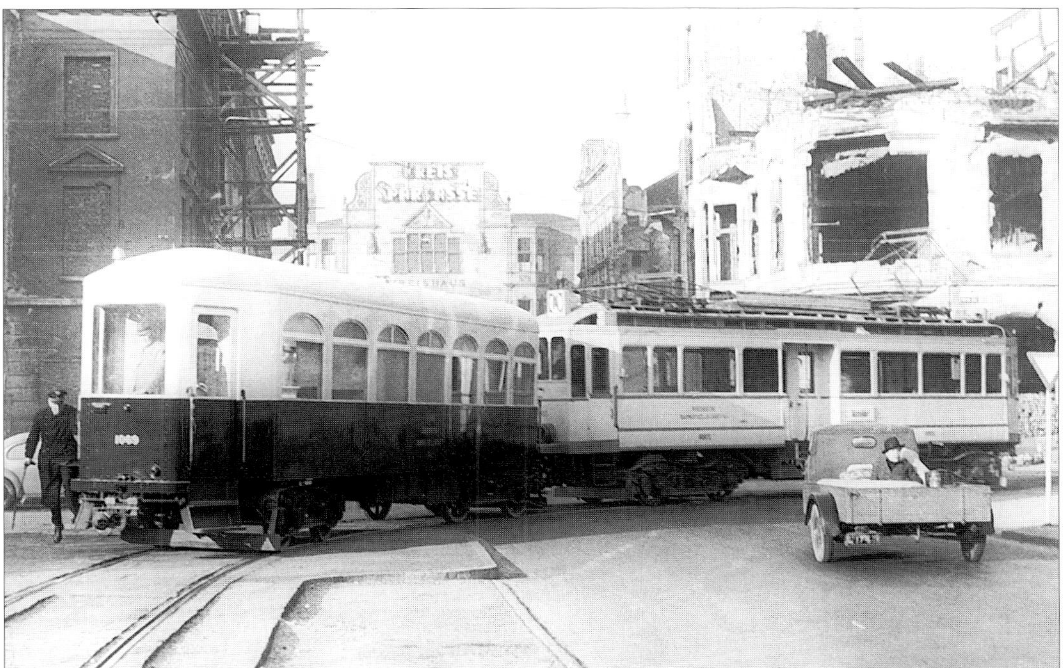

Im November 1949 verläßt ein Zug der Linie K, bestehend aus 4xTw 1005 und 4x-Speise-Bw 1069 den Graf-Adolf-Platz in Düsseldorf in Fahrtrichtung Krefeld.

In der Einfahrt zum Fernbahnhof Graf-Adolf-Platz führt 4xTw 1006 am 16. September 1949 gleich zwei Speisewagen mit sich, die 1924 erbauten 4xBw 1069 und 1072.

Die hohe Verkehrsdichte auf der Fernline K Düsseldorf – Krefeld verlangte auch 1964 noch den Einsatz von Altbaufahrzeugen. 4xTw 21 mit zwei vierachsigen Beiwagen auf der Fahrt durch die Hansastraße in Krefeld.

gel an geräumigen und schnellen Fahrzeugen. Je nach Verkehrsaufkommen wurden Zwei- oder Dreiwagenzüge eingesetzt. Der Fahrzeugpark der neuen Verbandszüge reichte aber noch immer nicht aus, und so wurden auf der Linie nach Moers auch Züge mit dem zweiachsigen Niederflurtyp der Baujahre 1937 bis 1942 eingesetzt. In verkehrsschwachen Zeiten kamen auch Solo-Triebfahrzeuge zum Einsatz, Vierachswagen befuhren nach 1950 diese Linie nicht mehr.
Am 30. Mai 1951 überließ die Firma DUEWAG der Rheinbahn für Probefahrten den Prototyp eines neuentwickelten Großraumzugs, bestehend aus je einem Vierachstrieb- und Vierachsbeiwagen. Die guten Betriebserfahrungen mit diesem Zug veranlaßten die Rheinbahn, an die Beschaffung von Fahrzeugen dieser Bauart in modifizierter Form zu denken und mit diesen die alten Fahrzeuge aus den Beschaffungsjahren 1912 und 1924 zu ersetzen. So entstanden 1953 acht vierachsige Triebwagen unter Benutzung von Antriebsaggregaten, die die Rheinbahn vor Ausbruch des Zweiten Weltkriegs vorsorglich erworben hatte, und vier vierachsige bauartgleiche Beiwagen, von denen zwei als Büffetwagen ausgerüstet waren. Eine Zugeinheit bestand aus zwei Trieb- und einem mittig eingestellten Beiwagen. Während solch ein Zugverband in Düsseldorf in einer Gleisschleife wenden konnte, war dies in Krefeld nicht möglich. So war es notwendig, auf der Linie K Zweirichtungsfahrzeuge mit Zugsteuerung verkehren zu lassen, in der Hauptverkehrszeit als Tw-Bw-Tw, in verkehrsschwachen Zeiten als Tw-Bw.
Von den vier beschafften Zugeinheiten sollten dank der auf 90 km/h heraufgesetzten Höchstgeschwindigkeit nur drei im Einsatz stehen und die vierte Einheit als Reserve dienen. Dies ließ sich jedoch nicht verwirklichen; die Höchstgeschwindigkeit mußte später auf 60 bis 70 km/h reduziert werden, was zur Folge hatte, daß auch weiterhin zur Bewältigung des Verkehrszuwachses die zweiachsigen Verbandswagen und in der Hauptverkehrszeit auch die schweren Vierachser der Baujahre 1912 und 1924 im Einsatz standen.

Die Bahnanlagen des Bahnhofes Lörick an der Fernlinie K im Jahre 1949. Ein Zug aus Krefeld kommend hält am Bahnsteig in Fahrtrichtung Düsseldorf, rechts im Bild ist die Ein- und Ausfahrt zur Wendeschleife der hier endenden SL 17, Volmerswerth – Lörick zu erkennen.

Ein Sonderzug der Linie „M", bestehend aus den 2xTw 376 und 374 wartet am 18. Oktober 1958 am Gleisende in Moers auf seine Rückfahrt nach Düsseldorf.

Letzter Betriebstag der Linie „O" am 15. April 1962. 4xTw 114 mit Beiwagen rückt zur Abschiedsfahrt aus dem Betriebshof Benrath aus.

Das Ende des Mettmanner Straßenbahnbetriebs

Die Rheinbahn-Restlinie W Mettmann – Vohwinkel hatte Anfang Februar 1945 wegen Strommangel ihren Betrieb einstellen müssen. Nach Instandsetzung der durch Kriegseinwirkung beschädigten Bahneinrichtungen konnte ab 20. Juni 1945 die Gesamtstrecke Mettmann – Dornap – Wieden – Vohwinkel wieder befahren werden, ebenso die Wuppertaler Linie 21 von Wülfrath über Dornap und Wieden nach Elberfeld. Die erschwerten Verkehrsbedingungen auf dem Mettmanner Straßenbahnnetz infolge der Führung entlang enger Straßen hatten die Rheinbahn schon im Dezember 1936 bewogen, die Strecke Düsseldorf – Mettmann auf Busbetrieb umzustellen. Für das Restnetz der Linie W war dies gleichfalls geplant, doch der Ausbruch des Zweiten Weltkriegs machte die hierzu notwendige Busbeschaffung unmöglich.

Der wirtschaftliche Aufschwung zu Beginn der fünfziger Jahre erlaubte nun der Rheinbahn, neue Busse zu erwerben, und so kam das Ende der Linie W recht schnell. Am 17. Mai 1952 wurde der Straßenbahnbetrieb zwischen Mettmann und Vohwinkel eingestellt und eine Buslinie auf dem gleichen Linienweg eingerichtet. Die Wuppertaler Stadtwerke verfuhren am 1. Juni 1952 mit ihrer Linie 21 zwischen Wülfrath und Wieden ebenso. Die zwischen Mettmann und Gruiten verkehrende erste Trolleybuslinie Deutschlands, Linie 59 der Rheinbahn, wurde zur selben Zeit durch Dieselbusse ersetzt. Alle Straßenbahnfahrzeuge wurden nach Düsseldorf überführt und bis Ende der fünfziger Jahre im Liniennetz eingesetzt. Das Fahrgestell des einzigen noch vorhandenen Obusses mit seiner elektrischen Anlage wurde nach Osnabrück abgegeben.

Auch auf dem Benrather Meterspurnetz konnte man am 8. Juni 1945 nach Instandsetzungsarbeiten den Straßenbahnbetrieb wieder aufnehmen. Auf der Linie O zwischen Benrath und Ohligs geschah dies sogleich auf voller Länge, wogegen dies auf der Linie V von Benrath nach Vohwinkel erst nach umfangreichen Gleisarbeiten in Vohwinkel am 3. September 1945 geschehen konnte. Auf beiden Linien stiegen die Beförderungszahlen durch das Ausweichen eines Großteils der ausgebombten Düsseldorfer Bevölkerung in die von nur wenigen Kriegsschäden gezeichneten kleineren Städte wie Hilden und Haan beträchtlich an.

Mit der Zunahme des Individualverkehrs und den neuen Buslinien von Düsseldorf nach Hilden und Solingen wurden der Bahn ab Ende der fünfziger Jahre viele Fahrgäste weggenommen. Der weiter um sich greifende Autoverkehr bereitete den Bahnen im Bergischen Land immer größere Schwierigkeiten. Nach und nach stellten die Bahnbetreiber ihre Überland- und Stadtlinien bis 1958 ein und den Personennahverkehr auf Busse um. Die kurzen Ausweichen auf den beiden Linien O und V ließen die Führung von Doppelzügen nicht zu, so daß zur Entlastung Autobusse verkehrten. Anlaß zur Stillegung der Linie V am 7. Mai 1961 war der Umbau der Eisenbahnbrücke am Haaner Bahnhof aus Gründen der Elektrifizierung der DB-Strecke Köln – Wuppertal. Mit der Aufnahme des Sommerfahrplans 1962 wurde auch die etwa 10 km lange Linie O zwischen Benrath und Ohligs eingestellt. Auf den ehemaligen Linien O und V übernahmen nun Busse die Aufgaben der Straßenbahn.

Mitte der fünfziger Jahre verstärkte sich der Verkehr auf der Linie M erheblich. Da eine Fahrplanverdichtung wegen fehlender Ausweichen nicht möglich war, setzte die Rheinbahn in der HVZ vor den Planzügen Zweiachs-Einzeltriebwagen zur Verstärkung ein. Doch der stärker werdende Autoverkehr fühlte sich durch die einseitig im Straßenplanum verlaufende Straßenbahn behindert. Es bestand zudem von seiten der Straßenbehörde die Absicht, die von der Bahn mitbenutzte Bundesstraße zu erneuern.

Die Einstellungs- und Umstellungsforderung auf Busbetrieb zum 20. Oktober 1958 kam für die Rheinbahn trotz vorausgegangener Erörterungen völlig überraschend. Die zur Bewältigung des Personenverkehrs zwischen Meerbusch und Moers notwendigen Busse waren noch gar nicht ausgeliefert, so daß vornehmlich von der Solinger Linie Eineinhalbdecker abgezogen werden

Mit Einführung des Sommerfahrplans 1962 wurde die Bedienung der Linie „O“ mit Schienenfahrzeugen aufgegeben. Am 15. April 1962 war 4xTw 119 mit einem Beiwagen der Serie 831 – 839 auf der Abschiedsfahrt in Solingen-Ohligs unterwegs.

Ein 4x-Tw mit 2x-Bw der Linie „O“ von Ohligs kommend auf der Fahrt nach Benrath, 1953.

Ab Pfingsten 1949 wurden wieder Speisewagen auf der Linie D zwischen Düsseldorf und Duisburg eingesetzt. Wagen 57 der Duisburger Verkehrsbetriebe in violetter Farbgebung im Juni 1957 auf dem Graf-Adolf-Platz.

mußten, um den Fahrgastandrang bewältigen zu können. Trotz zusätzlicher Unterstützung durch Normalbusse in der HVZ kam es zu Verspätungen und Überfüllungen.
In Meerbusch wurde eine Übergangsmöglichkeit zwischen Omnibus und Straßenbahn geschaffen, die den Betrieb der Linie M zum Graf-Adolf- Platz in Düsseldorf aufrechterhielt und später nach Errichtung einer Gleisschleife in Hoterheide in Linie K/E umbenannt wurde.

Speisewagen auf der Linie D

Im Jahre 1936 war für wenige Monate versuchsweise ein Speisewagenbetrieb auf der Linie D nach dem Vorbild der seit 1924 auf der Linie K nach Krefeld eingesetzten Speisewagen eingerichtet worden, der 1950 fester Bestandteil der D-Bahn werden sollte, als zwei kriegsbeschädigte Duisburger Beiwagen beim Wiederaufbau zu Speisewagen mit fester Kücheneinrichtung hergerichtet wurden und ab 16. Mai 1950 nach einem festen Fahrplan zum Einsatz gelangten. Diese Fahrzeuge erhielten einen violett-cremefarbenen Außenanstrich.
Im Inneren herrschte das Ambiente eines Luxusrestaurants vor – getäfelte Mahagoniholzwände, mit hellem Birkenholz verkleidete Decken, Sitzbänke mit Lederbezügen. Alle Düsseldorfer und Duisburger Lokalzeitungen hingen in hölzernen Haltern zwischen den Rundbogenfenstern.
Mit Inbetriebnahme der achtachsigen Gelenkwagen mit mittig angeordnetem Speiseabteil verkehrten am 2. Mai 1965 letztmalig die beliebten vierachsigen Speisewagen. Die Kombüse in den neuen Doppelgelenktriebwagen war kleiner, jedoch wesentlich moderner und entsprach im Prinzip der eines Flugzeugs. Obwohl sich durch den Einsatz der neuen Fahrzeuge die Fahrzeit auf nun 50 Minuten reduzierte, war das Angebot sehr vielfältig. Die Speisekarte wies nicht weniger als 30 Mahlzeiten und Getränke auf.

Solo-Tw 1256 der Neubauserie für die Fernlinie K, Baujahr 1953 in Wartestellung auf dem Graf-Adolf-Platz in Düsseldorf, Juni 1957.

Nach Fertigstellung des neuen Verkehrsknotens Jan-Wellem-Platz im Jahre 1962 waren auch die Endstellen der Fernlinien D und K nach hier verlegt worden. 4xTw 21 der Rheinbahn und 8xGlTw 17 der Duisburger Verkehrsgesellschaft warten im Jahre 1964 auf ihre Abfahrten nach Krefeld bzw. Duisburg.

Neue Fahrzeuge für die Fernlinien K und D

Wegen der zu Beginn der sechziger Jahre herschenden Personalknappheit bei der Rheinbahn – die Dreiwagenzüge der Linie K beanspruchten neben dem Fahrer drei Schaffner –, aber auch wegen aufgetretener Schwierigkeiten bei der Zugsteuerung dieser Garnituren sah sich die Rheinbahn veranlaßt, über den Umbau der Dreiwagenzüge in Zweirichtungsgelenkwagen nachzudenken und schließlich auch durchzuführen. Von den Triebwagen wurde je eine Plattform abgetrennt und zwischen zwei dieser Wagen an den plattformlosen Enden ein kurzer Mittelkasten mit Gelenkmechanismen eingehängt. Es entstanden so 30,5 m lange achtachsige Gelenkfahrzeuge mit einer Gesamtleistung von 480 kW, an die im Spitzenverkehr die 1953 beschafften vierachsigen Großraumbeiwagen angehängt wurden. Ab 1964 wurden diese Beiwagen schaffnerlos und waren fortan vornehmlich den Inhabern von Zeitkarten vorbehalten. Mit dem Einsatz der Umbau-Achtachser stellte man den Restaurationsbetrieb auf der Linie K ein; die beiden Büffetwagen waren inzwischen zu normalen Beiwagen umgerüstet worden.

Die Umbau-Achtachser bewährten sich auf der Linie K so gut, daß die Rheinbahn bei der DUEWAG fünf weitere Achtachs-Gelenktriebwagen bestellte und diese mit drei ebenfalls neuen Großraumbeiwagen 1967/68 auf der Linie nach Krefeld in Betrieb nahm. Sie waren im Vergleich zu den Umbauwagen nur 27 m (30,5 m) lang und 2,35 m (2,5 m) breit, und die Gelenkmechanismen lagen einseitig auf den inneren Drehgestellen. Der Mittelkasten war mit vier Seitenfenstern versehen (gegenüber zweien bei den Umbauwagen). Kombinationen zwischen den unterschiedlich langen und breiten Fahrzeugen waren durchaus möglich und wurden auch gehandhabt, doch konnten die breiten Fahrzeuge auf bestimmten Stadtlinien nicht verkehren.

Die Duisburger Verkehrsgesellschaft hatte keinen ihrer vierachsigen Trieb- und Beiwagen im Krieg eingebüßt, Düsseldorf jedoch einen Trieb- und zwei Beiwagen verloren. Da die Rheinbahn

Auf der Verkehrsausstellung, die im September 1960 in Essen stattfand, präsentierte sich ein 8xGl-Tw dem Beschauer, der noch ohne Eigentumsbezeichnung auf der Fernlinie D Düsseldorf – Duisburg zum Einsatz kommen sollte.

4xBw 1202, im Jahre 1953 erbauter Speisewagen für die Fernlinie K, wartet am 10. November 1956 auf dem Graf-Adolf-Platz in Düsseldorf auf die Fahrt nach Krefeld. Nach Rückbau entstand 1963 aus dem Wagen ein normaler Beiwagen.

Ein Zug, gebildet aus 4xTw 1258, 4xBw 1202 und 4xTw 1256 in dunkelgrüner Farbgebung, 1953 als erste Neubaufahrzeuge nach dem Zweiten Weltkrieg für die Fernlinie K entstanden, wartet am 27. Dezember 1953 auf dem Ostwall in Krefeld auf die Rückfahrt nach Düsseldorf.

Bis zur Erstellung des neuen Fernbahnhofes Jan-Wellem-Platz im Jahre 1962 war der Graf-Adolf-Platz Endstelle der Fernlinien D, K und M. 4xTw 19 (Linie D) und 4xTw 1006 (Linie K), beide im Eigentum der Rheinbahn Düsseldorf, werden bald ihre Reise zu den Zielorten Duisburg und Krefeld antreten.

2x-Niederflur-Tw 283 der Rheinbahn Düsseldorf ist im Jahre 1955 auf der Fernlinie D Düsseldorf – Duisburg als Einrücker zum Btf. Am Steinberg auf der Alleestraße unterwegs.

6xGlTw 1283 wurde im Jahre 1971 von der Neusser Straßenbahn übernommen und 1974 zu einem Einrichtungs-Gelenktriebwagen umgebaut. Im September 1975 ist er auf der SL E5 die von Düsseldorf Hauptbahnhof an Werktagen nur in der Hauptverkehrszeit verkehrte, nach Neuss, Theodor-Heuss-Platz, unterwegs.

8xGel-Tw 2262, 1963 als Tw 1262 geliefert und 1974 umgenummert, als E- Wagen auf dem Weg nach Handweiser, 1976.

Als Solo Tw ist 4xGRTw 2215 im November 1956 auf der Rundlinie 6 unterwegs und biegt aus der Kirchfeldstraße in die Friedrichstraße ein. Im Jahre 1960 wurden die Fahrzeuge der Serie 2201 – 2215, die den Anforderungen der hohen Beschleunigung und dem Kurzzeittakt nicht gewachsen waren, zu Beiwagen umgebaut.

im Zuge des Kilometerausgleichs verpflichtet war, auf der Linie D gleiche Leistungen wie Duisburg zu erbringen, setzte sie häufig Dreiwagenzüge aus zweiachsigen Niederflurwagen ein. Aus Mangel an vierachsigen Beiwagen führten die Duisburger Wagenzüge als zweiten Beiwagen häufig einen seiner Stromabnehmer beraubten Triebwagen mit sich. Die Duisburger Verkehrsgesellschaft erwarb 1953 von der Rheinbahn auch zwei vierachsige Mitteleinstiegswagen des Baujahrs 1912, die nach Inbetriebnahme neuer Fahrzeuge auf der Düsseldorfer Fernlinie K nach Krefeld entbehrlich geworden waren. Nach Einsatz dieser Mitteleinstiegsbeiwagen wurde der als Beiwagen eingesetzte Triebwagen mit neuen Motoren versehen und ab 1955 auf der Linie D in Betrieb genommen.

Im Juli 1957 erhielt die Rheinbahn von der Firma DUEWAG versuchsweise einen achtachsigen Gelenktriebwagen, der sich von den bereits eingesetzten sechsachsigen Gelenktriebwagen durch ein zusätzliches Mittelteil und ein weiteres Laufdrehgestell unterschied. Die Leistung der beiden Fahrmotoren betrug je 100 kWh; die Laufdrehgestelle besaßen Bremssysteme. Dieses Fahrzeug hatte eine Länge von 25,6 m und eine Breite von 2,35 m; sein Leergewicht betrug 26 t. Den Fahrgästen standen 64 Sitz- und maximal 193 Stehplätze zur Verfügung. Dieser Prototyp mit der Düsseldorfer Nummer 2310 wurde zunächst eingehenden Vergleichsfahrten im Stadtgebiet mit hoher Fahrgastfrequenz unterzogen. Er bewährte sich und wurde von der Rheinbahn übernommen.

Angesichts der positiven Ergebnisse, die mit diesem Doppelgelenkwagen erzielt wurden, und nicht zuletzt im Hinblick auf die Aufsichtsbehörde, die für die alten und schweren Vierachsfahrzeuge eine höhere Bremsverzögerung verlangte, entschlossen sich beide Verkehrsbetriebe 1958, auf der Linie D mit diesem achtachsigen Trieb- und einem vierachsigen Großraumbeiwagen Versuchsfahrten durchzuführen, um im Überland- wie im Stadtverkehr Erfahrungen in technischer und betrieblicher Hinsicht zu sammeln. Auch sollten die neu zu beschaffenden Fahrzeuge nach Möglichkeit keine Ausnahmen im mittlerweile aufgebauten Großraumfahrzeugpark beider Verwaltungen darstellen. Für den Versuchseinsatz erhielt der Triebwagen stärkere Motoren mit einer Leistung von je 115 kWh, die für die Linie D charakteristischen Doppelscheinwerfer und eine Scharfenbergkupplung zur Mitnahme des Beiwagens. Der Zweiwagenzug aus Doppelgelenktriebwagen und Großraumbeiwagen bot Platz für 370 Fahrgäste, war etwa 40 m lang und hatte nur noch das halbe Zuggewicht im Vergleich zu einem Dreiwagenzug älterer Bauart.

Beide Verkehrsgesellschaften beschlossen auf Grund der positiven Erfahrungen, ab 1960 den Betrieb der Fernlinie D auf diese achtachsigen Gelenktriebwagen mit vierachsigen Großraumbeiwagen umzustellen. Bis zur Auslieferung der gemeinsam bestellten fünf Achtachsfahrzeuge, die 1960 und 1961 in Dienst gestellt werden konnten, setzten die Duisburger Verkehrsbetriebe noch ihre alten Dreiwagenzüge ein, während die Düsseldorfer Rheinbahn die 1959 für den Ortsverkehr gelieferten Einrichtungs-Achtachser Nr. 2355 und 2458 für den Verkehr auf der Linie D umbaute und einsetzte. Im November 1960 verkehrte erstmals fahrplanmäßig ein achtachsiger Doppelgelenktriebwagen mit Speiseabteil und vierachsigem Beiwagen, die angesichts ihres Komforts und des rot-cremefarbenen Außenanstrichs in der Lokalpresse als „TEE“ unter den Straßenbahnzügen beschrieben wurden.

Ende 1963 erhielt Duisburg noch zwei gleichartige, jedoch nur 2,2 m breite Fahrzeuge – davon eines mit Speiseabteil –, die dadurch freizügig auf der Fernlinie, aber auch im Ortsnetz einsetzbar waren. Die alten vierachsigen D-Bahn-Trieb- und -Beiwagen der Rheinbahn wurden schon 1959 zur Fernlinie K nach Krefeld umgesetzt; die Duisburger Verkehrsgesellschaft nahm die ihr gehörenden Fahrzeuge mit Ausnahme eines Dreiwagenzugs, der von der Rheinbahn übernommen wurde, bis zum 3. Mai 1965 aus dem Verkehr. Mit der Umstellung auf einen modernen Fahrzeugpark wurde die Höchstgeschwindigkeit auf freier Strecke mit 70 km/h festgelegt. Dies erforderte neben den bereits bestehenden Anlagen an den Überwegen in Kaiserswerth, an der Kalkumer Schloßallee und am Sittardsberg sowie an den Endschleifen in Kaiserswerth und Huckingen die Absicherung durch Signalanlagen. Die Fahrzeit zwischen den beiden Endstellen betrug nunmehr 53 Minuten, so daß jetzt vier Kurse anstatt der früheren fünf zur Bedienung der Strecke ausreichten. In verkehrsschwacher Zeit wurden die Düsseldorfer Beiwagen auf Gleis 4 des Fernbahnhofs am Graf-Adolf-Platz abgestellt; in Duisburg geschah dies am Betriebshof Grunewald.

Um dem zunehmenden Autoverkehr in der Düsseldorfer Innenstadt einen besseren Verkehrsfluß zu ermöglichen und eine Entflechtung der über die Alleestraße führenden acht Orts- und zwei Fernbahnlinien herbeizuführen, begann die Stadt Düsseldorf 1961 mit der großzügigen Umgestaltung der Verkehrswege in der Innenstadt. An ihrem Rand, auf dem Jan-Wellem-Platz entstand ein Straßenbahnknotenpunkt mit acht Bahnsteigen, zwei Busbahnsteigen, großzügigen Wendeschleifen und Rangiermöglichkeiten für die Fernbahnlinien D und K. Am 30. Oktober 1962 konnte diese Anlage in Betrieb genommen und die alte Endhaltestelle Graf-Adolf-PLatz aufgegeben werden.

Maßnahmen in den fünfziger Jahren

Im Zuge des Wiederaufbaus der zerstörten Innenstadt entstanden Pläne, anstelle der engen Gassen breite Verkehrswege zu gestalten, die es der Straßenbahn erlauben sollten, auf eigenen Bahnkörpern beschleunigt durch das Zentrum zu fahren. Eine erste Maßnahme war 1951 die Verlegung des südwärts führenden Gleises in der Breiten Straße/Friedrichstraße zur westlich gelegenen Kasernen-/Elisabethstraße. Diese Straßenzüge wurden somit für die Straßenbahn wie auch für den Individualverkehr Einbahnstraßen. 1955 entstand östlich der Königsallee und annähernd parallel zu dieser die spätere Berliner Allee, eine breite Prachtstraße mit doppelgleisigem Straßenbahnkörper in Straßenmitte und sechs Autofahrspuren. Sie wurde zu einer der wichtigsten Geschäftsstraßen und machte die Königsallee frei vom Straßenbahnverkehr.

Eine 1956 von der Stadt Düsseldorf durchgeführte allgemeine Verkehrserhebung und eine von der

Im Jahre 1956 begann das Zeitalter der sechsachsigen Gelenk-Triebwagen in Düsseldorf. Tw 2412 präsentiert sich am 6. Juli 1958 bei Probefahrten in Offenbach am Main in der Waldstraße dem Fotografen.

8xGlTw mit kurzem Mittelteil, 1963/1964 aus zwei 4xTw der Reihe 1251 – 1258 entstanden, wartet mit 4xBw 1202, 1953 als Speisewagen geliefert und 1963 zu einem normalen Beiwagen umgebaut, in Krefeld auf dem Ostwall 1965 auf die Rückfahrt nach Düsseldorf. Die „Z"-Tafel an der Zugspitze weist darauf hin, daß der Beiwagen für Reisende mit Zeitkarten reserviert und schaffnerlos ist.

Ein Zug, geführt von 2xTw 596 und zwei 2xBw der Serie 706 – 730 aus dem Baujahr 1922 wartet am 23. Januar 1958 an der Endstelle Gerresheim Bahnhof auf die Abfahrt in Richtung Altstadt. Die Triebwagen der Serie 570 – 599 aus den Baujahren 1919/1921 konnten erst Ende 1921 nach Anlieferung und Einbau der elektrischen Ausrüstung in Betrieb genommen werden. 2xTw 596 wurde 1968 ausgemustert.

Am letzten Betriebstag der SL 14, Flingern – Hamm, (31. März 1956) steht 2xTw 481 aus dem Beschaffungsjahr 1912 in der Franziusstraße (Hafen) zur Rückfahrt in Richtung Flingern bereit.

An der Ausweichstelle Grünstraße in Hilden treffen sich im Juli 1957 zwei Züge der Linie O – der linke auf der Fahrt nach Düsseldorf-Benrath, der rechte auf der Fahrt nach Solingen-Ohligs.

August 1971: Sternfahrt von Straßenbahnzügen nach Neuss anläßlich der Stillegung des dortigen Straßenbahnbetriebs. In Grimlinghausen treffen sich Züge der Rheinbahn (links), der Duisburger Verkehrs AG (rechts) und der Neusser Verkehrsbetriebe (hinter dem Duisburger Zug).

Nach Übernahme der Mettmanner Straßenbahn im Jahre 1937 gelangten noch zehn Triebwagen dieses Unternehmens in den Bestand der Rheinbahn. 2xTw 7, der diese Nummer 1940 erhielt, fährt als Solo-Tw 1951 am Düsseldorfer Opernhaus vorbei.

Drei-Schienenstrecke (Normal-, Meterspur) in der Heubesstraße in Benrath. Normalspurzug der SL 18 auf der Fahrt von der Hst. Benrath-Bf. zur Endstelle am Betriebshof Benrath. Oktober 1953.

Der 1936 erbaute Meterspurtriebwagen 4xZRTw 109 für das Benrather Netz, war mit Drehgestellen ausgerüstet, die auch für den Normalspurbetrieb ausgelegt waren. Im Jahre 1962 wurde dieser Tw an das österreichische Verkehrsunternehmen Stern & Hafferl verkauft und erhielt dort die Nummer 26.

Dreischienengleis in Benrath auf der Hildener Straße. Das geradeausführende Meterspurgleis diente dem Verkehr nach Hilden, Ohligs und Wuppertal-Vohwinkel, das nach rechts abzweigende Normalspurgleis führt zur Schleife der Linien-Endstelle der SL 18. Oktober 1953.

Winter auf dem Volmertswerter Deich. Ein Triebwagen aus den Jahren 1937/1943 mit einem Beiwagen aus den späten zwanziger Jahren an der Kuppelendstelle der 1961 stillgelegten Strecke.

Die Straßenbahnlinie M war über weite Strecken eingleisig, die Schienen lagen oft in Seitenlage auf einer stark befahrenen Bundesstraße – der Hauptgrund für die Stillegung im Jahre 1958. Im August 1958 verläßt ein Aufbauzug die Haltestelle „Zum Römer“ in Krefeld-Uerdingen auf der Fahrt nach Moers.

Anfangs fuhren die sechsachsigen Gelenktriebwagen solo auf der Linie 1. Hier der Wagen 2307 auf der Fahrt nach Benrath, wenige Tage, bevor die Strecke in der unteren Elisabethstraße in Betrieb ging.

Bei der Elektrifizierung der Strecken der Deutschen Bundesbahn um 1970 mußten viele Brücken in Düsseldorf umgebaut werden. Für die Dauer der Bauarbeiten wurde für die Straßenbahnlinie 6 und die Fußgänger am heutigen Bahnhof Düsseldorf Zoo eine provisorische Brücke errichtet.

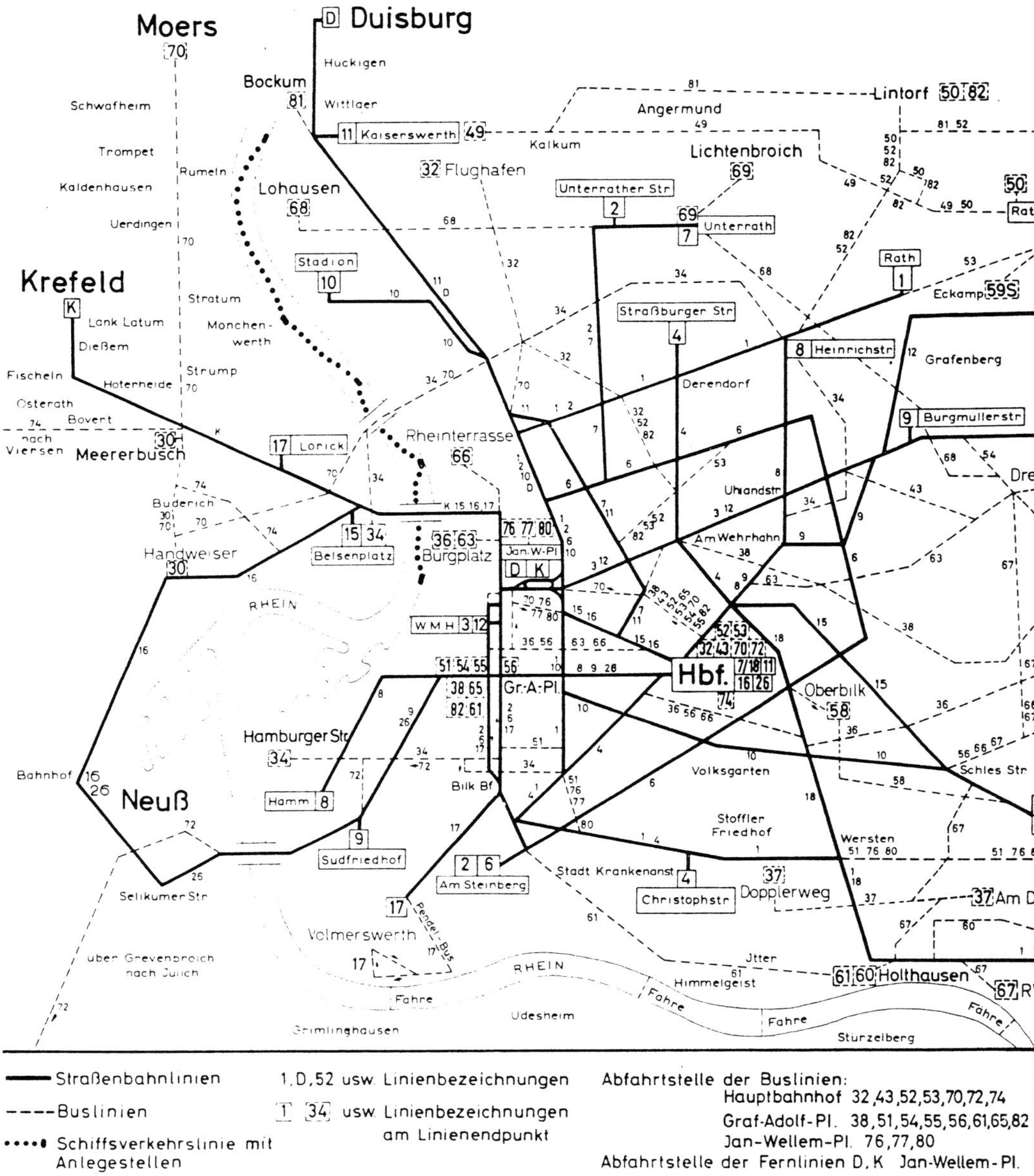

Das Verkehrsnetz der Rheinischen Bahngesellschaft mit Stand 3. Mai 1965.

Rheinbahn initiierte Fahrgastzählung erbrachten, daß Störungen des Straßenbahnverkehrs vorwiegend von den Bereichen Wilhelm-Marx-Haus, Graf-Adolf-Platz und Hauptbahnhof – Worringer Platz ausgingen. Die Vermischung von Straßen- und Schienenverkehr führte zu den Verkehrsspitzen häufig zum Zusammenbruch des Schienenverkehrs. Eine erste Neuordnung betraf den Vorplatz des Hauptbahnhofs, zu dem die Rheinbahn täglich etwa 100 000 Fahrgäste beförderte. Der Durchgangsverkehr kreuzte an beiden Platzenden die Straßenbahngleise und störte die Verkehrsabwicklung erheblich. Dieser Durchgangsverkehr wurde 1960 durch Ausbau westlich liegender Straßenzüge vom Vorplatz des Hauptbahnhofs abgezogen. Durch diese Entlastung schuf man Raum

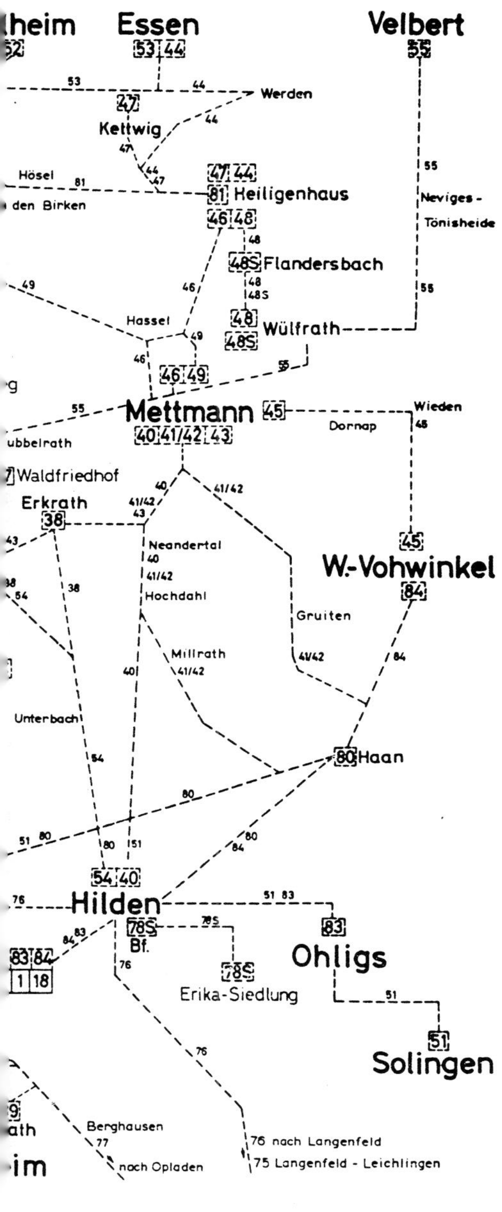

zur Modernisierung der Straßenbahnanlagen. Die vier Gleise wurden seitlich versetzt und 5 bis 6 m breite, 72 m lange Bahnsteige errichtet. Statt des bisherigen Linienbetriebs führte man Richtungsbetrieb mit je zwei nebeneinanderliegenden Bahnsteigen mit gleicher Fahrtrichtung ein. Nördlich des Bahnhofvorplatzes entstand noch eine dreigleisige Schleife zum Wenden endender Linien.

Zeitgleich fanden am weiter nördlich gelegenen Worringer Platz umfangreiche Veränderungen durch Einrichtung einer viergleisigen Umsteigestelle im Richtungsbetrieb statt. Am 17. April 1962 waren die Gleisumbauten abgeschlossen. Gleis 1 auf dem Bahnhofsvorplatz diente in der Regel dem Linienverkehr in Richtung Worringer Platz, Gleis 2 in Richtung Wendeschleife, Gleis 3 südwärts zur Graf-Adolf-Straße und Gleis 4 westwärts in die Bismarckstraße.

Der Nord-Süd-Verkehr durch die Innenstadt war vom Straßenbahnverkehr besonders stark betroffen, verkehrten doch durch die Kasernen-/Elisabethstraße und Friedrich-/Breite Straße acht Orts- und zwei Fernlinien. Zusätzlich mündeten hier auch noch Linien des Ost-West-Verkehrs ein. Die meistfrequentierte Haltestelle war das Wilhelm-Marx-Haus, dem sich die Straßenbahnzüge meist nur im Schritttempo nähern konnten. Die inzwischen erbaute Berliner Allee, die von nur einer Straßenbahnlinie befahren wurde, sollte fortan zur Entlastung der Nord-Süd-Achse dienen. Mit der Umgestaltung wurde im August 1961 begonnen. Außer einer nördlichen Verlängerung der Berliner Allee mittels einer Nord-Süd-Autohochstraße entstanden eine viergleisige Straßenbahnstrecke und eine Querverbindung zur neuen Umsteigeanlage Jan-Wellem-Platz. Auch diese Anlage erhielt viergleisige Richtungsbahnsteige mit ineinander verschlungenen Schleifen als neue Endstation der Fernlinien D und K.

Die Bahnsteiggleise schlossen östlich an die viergleisige Nord-Süd-Achse in der Berliner Allee und an die Strecke in der Schadowstraße, westlich über die Elberfelder Straße an die Nord-Süd-Strecke in der Alleestraße, Kasernen- und Breiten Straße und an die neuerbaute doppelgleisige Schleife um das Wilhelm-Marx-Haus an. Mit dem Fahrplanwechsel am 30. Oktober 1962 war das bis dahin größte Bauprojekt der Rheinbahn abgeschlossen. Damit hatte der bekannteste Düsseldorfer Straßenbahnknotenpunkt Graf-Adolf-Platz nach Zurücknahme der Fernlinien K Düsseldorf – Krefeld und D Düsseldorf – Duisburg zum Jan-Wellem-Platz und nach dem Durchbruch der neuen Nord-Süd-Verbindung in der Berliner Allee seine verkehrliche und betriebliche Bedeutung verloren.

1961 wurde der Worringer Platz umgebaut, während der Arbeiten gab es scheinbar ein Durcheinander von Gleisen. Wegen des dabei entstandenen Begegnungsverbotes mußte ein Posten den Verkehr regeln.

September 1956 in Krefeld: An der Endhaltestelle Rheinstraße der Linie K (heute U76) treffen sich ein Dreiwagenzug vom Typ K53 und ein vierachsiger meterspuriger Großraumwagen der Krefelder Verkehrs AG.

In den fünfziger Jahren waren häufig Reklamewagen auf Düsseldorfs Schienen unterwegs, wie hier ein 2xTw in der Vorweihnachtszeit 1950.

Ein Großraumzug, gebildet aus 4xTw und 4xBw, beide aus dem Beschaffungsjahr 1954, durchfährt im gleichen Jahr die Königsallee in Düsseldorf. Am 16. Juli 1955 wurde die Straßenbahn (Linien 10 und 20) aus der Königsallee herausgenommen, womit die Freimachung der Altstadt vom Straßenbahnverkehr begann, die im Herbst 1962 nach umfangreichen Verlegungen abgeschlossen werden konnte.

4x-Meterspur-Tw 112 mit Beiwagen ex Normalspur aus der Serie 831 – 839 wartet im April 1960 in Wuppertal-Vohwinkel an der Haltestelle „Schwebebahn“ auf seine Rückfahrt nach Benrath. Auch dieser Tw gelangte 1962 zu Stern & Hafferl und diente dort als Ersatzteilspender für die ebenfalls an dieses Unternehmen verkaufte Tw 109, 110, 118 und 119.

2x Tw 537, Baujahr 1914 mit zwei 2xBw der in den Jahren 1912-1917 beschafften Serie 620 – 703, unterwegs auf der SL 21 von Stoffeln nach Unterrath. Graf-Adolf-Platz, April 1957.

6. Planung und Bau von S- und U-Bahn

Bei fast allen westdeutschen Verkehrsunternehmen waren die sechziger Jahre durch Einschränkungsmaßnahmen gekennzeichnet. Durch die Dominanz des Pkw gingen die Fahrgastzahlen immer weiter zurück. Der Einstellung von Strekken, insbesondere der Fernlinien, in Höhe von etwa 30% stand ein Rückgang an Fahrgästen von 35% gegenüber. Der Individualverkehr wurde in Düsseldorf besonders stark durch die Anwesenheit der Landesregierung und verschiedener großer Konzerne geprägt. In jenen Jahren kamen auf zwölf Arbeiter zehn Angestellte; im Bundesdurchschnitt betrug das Verhältnis 25:10. Die Fluktuation des Bahnpersonals war ziemlich hoch. In den Zeiten der Vollbeschäftigung fiel es schwer, Arbeitskräfte für den Fahr- oder Werkstättendienst zu finden. 1957 beschäftigte die Rheinbahn etwa 5000 Mitarbeiter, 1962 waren es nur noch 4100 und 1965 etwa 3700. Dies führte u.a. zur Ausdünnung des Fahrplantakts auf einigen Linien.

Das Straßenbahnnetz war Mitte der sechziger Jahre nach nahezu abgeschlossener innerstädtischer Neuordnung so ausgelegt, daß grundsätzliche Änderungen an der Strecken- und Linienführung bis zur Verwirklichung des S- und U-Bahn-Verkehrs nicht mehr notwendig waren. Die Rheinbahn gab zu Beginn der sechziger Jahre Planungen in Auftrag, die Straßenbahn in eine Stadtschnellbahn umzuwandeln bzw. sie sogar ganz durch eine solche zu ersetzen. Damit sollte die Leistungsfähigkeit gegenüber dem ab 1967 aufzunehmenden S-Bahn-Verkehr, der eine große Anzahl von Pendlern von Straßenbahn und Bus abziehen würde, erhöht werden. Als erste Maßnahme war an eine Verlegung des Straßenbahnnetzes in der Innenstadt einschließlich der Haltestellen in Tunnelanlagen unter dem Straßenplanum gedacht. Doch kamen diese Planungen nicht zum Tragen. Zu dieser Zeit existierten bereits Pläne, ein Schnellbahnnetz, ausgehend von Düsseldorf bis ins Ruhrgebiet, zu verwirklichen. Unter der Bezeichnung Stadtbahn Rhein-Ruhr sollten u.a. die Düsseldorfer U-Bahn und die Fernlinien D und K das Gerüst dieses Projekts in einem zu gründenden Verkehrsverbund bilden. Als Teststrecke für Tunnelhöhen, Bahnsteige usw. war die Fernlinie D ausgewählt worden (siehe Straßenbahn-Magazin Januar/März 1995); zur Erprobung von U- und Stadtbahnwagen mit seitlicher Stromzuführung war die Errichtung einer vollspurigen Bahn von Essen nach Mülheim/Ruhr vorgesehen. Im Dezember 1968 beschloß der Düsseldorfer Stadtrat als Konsequenz der Tatsache, daß innerhalb eines Verkehrssystems Verbesserungen die Folgen verkehrstechnischer Fehlentwicklungen mildern, aber nicht beheben können, den Bau einer im Endzustand vom übrigen Verkehr unabhängigen U-Bahn. Am 24. März 1973 erfolgte der erste Spatenstich für den Bau einer im Endzustand 68 km langen U-Bahn, die durch überregionale Verbindungsstrecken Teil der Stadtbahn Rhein-Ruhr werden sollte. Vier Durchmesserlinien sollte das endgültige U-Bahn-Netz aufweisen:

1. Duisburg – Düsseldorf/Heinrich-Heine-Allee – Hauptbahnhof – Universität Düsseldorf/Wersten
2. Düsseldorf/Grafenberg – Heinrich-Heine-Allee – Bilk – Wersten – Düsseldorf/Benrath
3. Krefeld – Düsseldorf/Heinrich-Heine-Allee – Hauptbahnhof – Düsseldorf/Eller
4. Düsseldorf/Unterrath – Derendorf – Stadtmitte – Düsseldorf/Bilk

Dieses Netz sollte unter Berücksichtigung eines korrespondierenden S-Bahn-Netzes entstehen, von dem 1967 die Linie S 6 von Langenfeld über Düsseldorf/Hauptbahnhof nach Essen/Hauptbahnhof und ab 1968 die Linie S 7 Düsseldorf/Hauptbahnhof zum Flughafen in Lohausen in Betrieb waren.

Die Linie D im Konzept der Stadtbahn Rhein-Ruhr

Schon 1924 war anläßlich des zwischen den Städten Düsseldorf und Duisburg abgeschlossenen Vetrags über die Düsseldorf-Duisburger

Ein Jahr nach der Inbetriebnahme wies die Berliner Allee noch viele Baulücken auf. Der Bahnkörper in Straßenmitte war mit Steinquadern eingerahmt, die nach vielen Unfällen durch eine Hecke ersetzt wurden.

Noch ist die Hofgartenstraße an diesem Novembermorgen 1956 menschenleer. Die Kriegsruinen sind noch nicht beseitigt. Heute befindet sich an dieser Stelle der Jan-Wellem-Platz mit einer Hochstraße.

Abenteuerlich mutet die Gleislage in der Merowinger Straße an, durch die am 7. Oktober 1994 der Wagen 2559 auf der Linie 706 zum Brehmplatz rumpelt.

Am 23. März 1978 fährt 6x Gl-Tw 2314, Baujahr 1958 mit einem Bw von der Endstelle Hauptbahnhof kommend auf der SL 11 nach Kaiserswerth.

2xTw 26 der Neusser Straßenbahn befährt mit einem Neusser 2xBw im April 1964 auf der SL 16 vom Hauptbahnhof Düsseldorf kommend den Jan-Wellem-Platz in Richtung Neuss.

Kleinbahn die Absicht bekundet worden, die städtischen Bahnen mit denen der Nachbarstädte in ein gemeinwirtschaftliches Unternehmen mit dem Ziel der vollkommenen Einheitlichkeit von Betrieb und Verwaltung zu überführen. Es sollten noch 50 Jahre vergehen, bis dieses Vorhaben angegangen werden konnte.

Die Landesregierung von Nordrhein-Westfalen hatte 1970 in ihrem Generalverkehrsplan für die Ballungszentren an Rhein und Ruhr einheitliche Stadtbahnnetze vorgeschlagen. Diese sollten gemeinsam mit dem S-Bahn-Netz der DB unter Einbeziehung des flächenerschließenden Zubringerverkehrs mit Bussen die regionalen, aber auch die innerstädtischen Verkehrsbedürfnisse abdecken. Neue Strecken in Normalspur, die Meterspurstrecken ersetzend und unabhängig vom Autoverkehr, sollten teils unterirdisch, teils auf eigenem Bahnkörpern die Städte miteinander verbinden.

Bereits 1967 begannen die Vorplanungen zum Stadtbahnprojekt in Duisburg. Die Fernlinie D war als Teststrecke von der Landesregierung in Düsseldorf auserkoren worden; es sollte als Stadtbahnvorlaufstrecke eine Brücke von der Ruhr nach Düsseldorf geschlagen werden. Am 15. Juli 1969 – im gleichen Jahr war die Stadtbahngesellschaft Rhein-Ruhr gegründet worden – wurde in Duisburg zwischen Neuem Friedhof und Sittardsberg die erste Baustufe in offener Lage und einer Länge von 800 m in Angriff genommen. Weitere Streckenteile folgten, und 1975 war eine 4,1 km lange Trasse mit fünf Bahnhöfen bis nach Duisburg-Kesselsberg (an der Stadtgrenze zu Düsseldorf) fertiggestellt. Im Vorlaufbetrieb wurde diese Strecke mit normalen Straßenbahnfahrzeugen bedient.

Auf Düsseldorfer Seite erhielt die Strecke neue Gleise zwischen Kesselsberg und Kaiserswerth sowie Hochgeschwindigkeits-Fahrleitungen. Zwischen Kaiserswerth und Freiligrathplatz wurden ebenfalls gleismäßige und fahrleitungstechnische Verbesserungen durchgeführt. Niveaugleiche Straßenübergänge bekamen Signalanlagen, teilweise auch Halbschranken. 1975 war die Fernbahnstrecke zwischen Duisburg/

Neuer Friedhof und Düsseldorf/Freiligrathplatz stadtbahnmäßig ausgebaut. Der Weiterbau in Richtung Duisburger Innenstadt war durch Anliegereinsprüche blockiert, die Führung des bisherigen Streckenverlaufs in Straßenebene oder als Untergrundstrecke durch den Stadtteil Duisburg-Hochfeld ungeklärt. In der Duisburger Innenstadt sollte die Stadtbahn in jedem Fall als Untergrundbahn ausgeführt werden; für sie hatten die Bauarbeiten am 21. März 1975 begonnen.

Ausbau der Fernlinie D zur Stadtbahnstrecke

Nach bedeutenden Umleitungsmaßnahmen der im Norden Düsseldorfs verkehrenden Straßenbahnlinien begann in der Fischerstraße der Bau eines 360 m langen Tunnelabschnitts in offener Bauweise, dem ab Ende 1973 ein weiteres, 360 m langes Baulos zwischen Klever Straße und Kennedydamm folgte. Nach Fertigstellung beider Tunnelabschnitte 1975 liefen die Arbeiten auf 480 m Länge zwischen Venloer und Inselstraße mitsamt dem Bahnhof Nordstraße an, dem sich ein vorerst letztes Baulos unter dem Hofgarten bis zum Kreuzungsbahnhof Heinrich-Heine-Allee anschloß. Um den Verkehrsfluß im Bereich der Baustellen nicht unnötig lange zu behindern, entwickelte die Bauleitung den sogenannten Düsseldorfer Deckel; dabei handelte es sich um Betondeckel, die nach der Ausbaggerung bis zu einer gewissen Tiefe auf Spund- und Betonwände aufgelegt wurden. Auf dieser Überdeckelung konnte der Verkehr ziemlich schnell wieder aufgenommen werden, während darunter das Erdreich weiter ausgehoben und die Tunnelarbeiten fortgeführt werden konnten.
Mit Rücksicht auf die belebten Straßen und die Geschäftsgebäude im Bereich der Altstadt sowie die Errichtung des viergleisigen, in zwei Stockwerken angelegten Umsteigebahnhofs Heinrich-Heine-Allee als Verbindung der Nordstrecke (Duisburg) und der Weststrecke (Krefeld) wurden die Tunnelarbeiten im Untertagebau durchgeführt. Da gleichzeitig zwei zu unterfahrende Gebäude neu erbaut wurden, waren keine Unterfangungen erforderlich, was sich günstig auf die Bauzeit auswirkte. Die etwa 2 km lange Tunnelstrecke zwischen den provisorischen Rampen in der Fischerstraße und der Heinrich-Heine-Allee (Opernhaus) erlaubte es, ab 3. Oktober 1981 den Vorlaufbetrieb auf der etwa 20 km langen Nordstrecke zur Messe und zum Stadion, nach Kaiserswerth und Duisburg aufzunehmen. Bedingt durch die Bahnsteiganordnung (Mittelbahnsteige) war der Einsatz von Zweirichtungsfahrzeugen notwendig. Auf der Fernlinie D und auf der Ortslinie Messe – Hauptbahnhof verkehrten vorerst nur die Umbautypen GT8SU. Stadtbahnwagen des Typs B80D konnten zwischen Düsseldorf und Duisburg noch nicht fahren, weil der Gleismittenabstand für den Einsatz der 2,65 m breiten Fahrzeuge im Stadtgebiet von Duisburg zu gering war. Zwischen Kaiserswerth und Jan-Wellem-Platz erfolgte mit Aufnahme des Stadtbahnbetriebs der Einsatz des B80D-Typs; für die Weiterführung zum Hauptbahnhof waren die Fahrzeuge ebenfalls zu breit. Im Bereich der Station Wittlaer entstand 1981 zwischen den beiden Richtungsgleisen ein drittes Gleis, das einen zweiten Wagen, der zur Weiterfahrt nach Duisburg nicht notwendig war, aufnahm. Ein Standposten fuhr ihn auf dieses Gleis und hängte ihn nach Ankunft des Gegenzugs aus Duisburg an diesen an.
Der Bahnhof Heinrich-Heine-Allee, auf dessen A-Ebene ein unterirdisches Einkaufs- und Informationszentrum mit mehreren Passagen auf einer Fläche von 7500 m^2 entstand, bildet das Tor zur Düsseldorfer Innen- und Altstadt. Unter der A-Ebene befinden sich die beiden Fahrebenen, Ebene B in 10,5 m Tiefe mit den Richtungsgleisen 1 nach Duisburg und 3 nach Krefeld sowie 2 aus Duisburg und 4 aus Krefeld. Die C-Ebene in 18 m Tiefe soll in späteren Jahren die noch zu bauende Süd- und Oststrecke aufnehmen; für sie wurde im Bereich des Bahnhofs Heinrich-Heine-Allee vorsorglich schon ein Tunnelstück gleich mit erstellt. Die weitere Planung und Bauausführung sah die Unterfahrung der Innenstadt und des Hauptbahnhofs vor. Im Zuge der Erweiterung des S-Bahn-Netzes erfolgte eine großzügi-

Im Oktober 1997 passiert 6xGel-Tw 2266 die Kreuzkirche auf der SL 702 an der Collenbachstraße

An der Haltestelle Großmarkt am Nordfriedhof im Zuge der SL 707 Unterrath – Eller steht ein Sonderzug aus dem Museums-Tw 954, Baujahr 1928, und dem Museums-Bw 643, Baujahr 1954. September 1987.

KSW-Tw 14, ex Siegen, Baujahr 1944 erfuhr 1968 einen Umbau zum Rangierwagen und erhielt die Nummer 5133.

ge Umgestaltung des Hauptbahnhofs, wobei vorgesehen wurde, den Fahrgästen der U-Bahn eine direkte Umsteigemöglichkeit auf das Regional- und Fernbahnnetz der DB zu bieten.

Einstellung des Neusser Straßenbahnbetriebs

Am 24. Dezember 1910 hatte die Stadt Neuss eine erste eigene Straßenbahnlinie eröffnet und die in der Innenstadt bereits liegenden Gleise der 1901 eingerichteten Rheinbahnlinie B Düsseldorf – Neuss übernommen. 1925 und 1928 wurde der Neusser Straßenbahnbetrieb um weitere zwei Linien erweitert. 1963 und 1964 stellte die Stadt Neuss zwei Linien wieder ein. Nur die Linie 1, die durch die Innenstadt führte, blieb bis 1971 erhalten, weil die Rheinbahn sich weigerte, ihre Linien in der Neusser Innenstadt ebenfalls abzubauen. Durch Vertrag mit der Neusser Stadtverwaltung übernahm die Rheinbahn ab 1971 die bisher von Neuss verwaltete Innenstadtstrecke sowie deren Großraum- und Gelenkwagenpark. Die inzwischen errichtete Nordbrücke und Rheinkniebrücke zogen einen großen Teil des rheinüberschreitenden Verkehrs auf sich, so daß die tagtäglich auftretenden Staus auf der Oberkasseler Brücke zurückgingen. Nach Fertigstellung der Kniebrücke 1969 sollte die 1948 eröffnete Behelfsbrücke durch ein neues, breiteres Bauwerk ersetzt werden. Da über sie vier Straßenbahnlinien verkehrten, war an eine Stillegung der Brücke nicht zu denken. So entstand rheinaufwärts neben der Behelfsbrücke auf provisorischen Pfeilern ein neues, 35 m breites Bauwerk mit eigenem Straßenbahnkörper in der Mitte, an denen sich zweibahnige Autofahrspuren, Rad- und Gehwege anschlossen. Über provisorische Rampen nahm am 21. Februar 1974 die Rheinbahn den Straßenbahnbetrieb über die neue Brückenstrecke auf. Im freien Vor- bzw. Abbau wurde nun die alte Brücke abgetragen, ebenso die alten Pfeiler aus den Jahren 1896/97. Nachdem neue Brückenpfeiler erstellt waren, erfolgte am 7. und 8. April 1976 der Brückenverschub durch seitlichen Druck mittels Elektromotoren an mehreren Stellen mit einer Geschwindigkeit von 3,6 m in der Stunde rheinabwärts in ihre endgültige Position.

Der Verkehrsverbund Rhein-Ruhr

Die Landesregierung von Nordrhein-Westfalen hatte 1970 in einem Generalverkehrsplan die Einrichtung eines einheitlichen Stadtbahnetzes für die Ballungszentren an Rhein und Ruhr vorgeschlagen.
Es sollte gemeinsam mit dem S-Bahn-Netz der DB und dem Zubringerverkehr mit Bussen regionale und innerstädtische Verkehrsbedürfnisse abdecken. Eine Kommission, gebildet aus Vertretern des Ministeriums für Wirtschaft und Verkehr, der Deutschen Bundesbahn und der Nahverkehrsunternehmen, steckte in den Folgejahren die Kooperationsbereiche ab und gründete neben der Stadtbahn-Gesellschaft Rhein-Ruhr mbH im Jahre 1974 nach weiteren Vorarbeiten am 1. Januar 1980 den weltweit größten Verkehrsverbund Rhein-Ruhr. Seit diesem Tag gehören 15 kreisfreie Städte und drei Kreise, in denen über sieben Millionen Menschen leben, diesem Verbund an, in dem einheitliche und verbindliche Fahrpreise sowie eine Fahrplanabstimmung untereinander Gültigkeit haben.
Mit gleichem Datum trat auch eine neue Liniennumerierung in Kraft.Ein- und zweistellige Nummern wurden Bundesbahn- und Schnellbahnlinien zugeordnet, dreistellige Nummern den Straßenbahn- und Buslinien, wobei die erste Ziffer den jeweiligen kommunalen Verkehrsunternehmen zugeteilt wurde. Düsseldorf und die rechtsrheinische Umgebung erhielt die Kennziffer 7, die Rheinbahn-Buslinien in der linksrheinischen Umgebung sowie einige Buslinien im Sonderverkehr die Ziffer 8.
Im Laufe der Monate November und Dezember 1979 wurden die Linien umbenannt, und ab 1. Januar 1980 verkehrten in Düsseldorf folgende Straßenbahnlinien (alte Linienbezeichnung in Klammern):

76 (K): Krefeld/Rheinstraße – Osterrath – Büderich – Düsseldorf/Lörick – Oberkassel – Ratinger Tor – Jan-Wellem-Platz – Düsseldorf/Hbf
701 (1): Rath – Derendorf – Nordstraße – Jan-Wellem-Platz – Berliner Allee – Karolingerplatz – Stoffeln – Wersten – Holthausen – Benrath
702 (2): Unterrath – Kalkumer Straße – Nordstraße – Jan-Wellem-Platz – Wilhelm-Marx-Haus – Graf-Adolf-Platz – Kirchfeldstraße
703 (3): Gerresheim/Bhf – Auf der Hardt – Grafenberg – Uhlandstraße – Jan-Wellem-Platz – Wilhelm-Marx-Haus – Graf-Adolf-Platz – Bilk – Stoffeln – Wersten – Holthausen
704 (4): Derendorf – Schloßstraße – Hauptbahnhof – Karolingerplatz – Stoffeln
705 (5): Neuss/Stadthalle – Bahnhof – Düsseldorf/Heerdt – Oberkassel – Ratinger Tor – Jan-Wellem-Platz – Düsseldorf/Hbf
706 (6): Merowingerplatz – Volksgarten – Oberbilk – Brehmplatz – S-Bhf Zoo – Sternstraße – Jan-Wellem Platz – Wilhelm-Marx-Haus – Graf-Adolf- Platz – Bilk – Am Steinberg – Merowingerplatz
707 (7): Unterrath – Kalkumer Straße – Dreieck – Tonhallenstraße – Hauptbahnhof – Lierenfeld – Eller
708 (8): Mörsenbroich – Brehmplatz – Uhlandstraße – Hauptbahnhof – Bilker Allee – Bilk – Hafen – Hamm
709 (9): Grafenberg – Flingern – Hauptbahnhof – Graf-Adolf-Platz – Bilker Kirche – Südfriedhof – Neuss/Stadthalle – Neuss/Bahnhof
709[1]: Hauptbahnhof – Graf-Adolf-Platz – Schleife Fürstenwall (HVZ-Linie)
710 (10): Lörick – Oberkassel – Ratinger Tor – Jan-Wellem-Platz – Berliner Allee – Oberbilk – Lierenfeld – Eller
712 (12): Ratingen – Düsseldorf/Oberrath – Uhlandstraße – Jan-Wellem-Platz – Wilhelm-Marx-Haus – Graf-Adolf-Platz – Bilk – Volmerswerther Str.
713 (13): Gerresheim – Grafenberg – Uhlandstraße – Jan-Wellem-Platz – Wilhelm-Marx-Haus – Graf-Adolf-Platz – Kirchfeldstraße (HVZ-Linie)
714 (14): Rath – Derendorf – Nordstraße – Jan-Wellem-Platz – Berliner Allee – Karolingerplatz – Am Steinberg (HVZ-Linie)
717 (15): Oberkassel – Ratinger Tor – Jan-Wellem-Platz – Hauptbahnhof – Oberbilk – Wersten – Holthausen – Benrath (in der HVZ bis Benrath/Betriebshof)
717 (16)[1]: Mintropplatz – Hauptbahnhof – Oberbilk – Wersten – Holthausen (HVZ-Linie)
719: Düsseldorf/Oberrath – Flingern – Hauptbahnhof – Graf-Adolf-Platz – Bilk – Südfriedhof – Neuss/Stadthalle – Neuss/Bahnhof
719[1] (19): Hauptbahnhof – Graf-Adolf-Platz – Bilk – Südfriedhof (HVZ-Linie)

Dazu kamen folgende Stadtbahnlinien:

79 (D): Duisburg/Hauptbahnhof – Huckingen – Kesselberg – Düsseldorf/Wittlaer – Kaiserswerth – Lohausen – Stockum – Golzheim – U-Tunnel/Klever Straße – Nordstraße – U-Tunnel/Opernhaus – Wilhelm-Marx-Haus – Graf-Adolf-Platz – Düsseldorf/Hauptbahnhof
711 (11): Kaiserswerth – Lohausen – Stockum – Golzheim – U-Tunnel/Klever Straße – Nordstraße – U-Tunnel/Opernhaus – Jan-Wellem-Platz
718 (18): Messe/Rheinstadion – Stockum – Golzheim – U-Tunnel/Klever Straße – Nordstraße – U-Tunnel/Opernhaus – Jan-Wellem-Platz – Hauptbahnhof

Neue Fahrzeuge für die Stadtbahnlinie 79

Für den Stadtbahnvorlaufbetrieb gelangten ab Frühherbst 1975 neue Fahrzeuge zum Einsatz: achtachsige Doppelgelenk-Zweirichtungstriebwagen des Typs GT8S, eine Neuentwicklung von Straßenbahnwagen, die seit einem Jahr im Düsseldorfer Ortsnetz und in Doppeltraktion auf der Fernlinie K verkehrte. Die neuen Fahrzeuge unterschieden sich von den bisher auf der Linie D eingesetzten achtachsigen Doppelgelenk-Einrichtungstriebwagen durch Türen auf beiden Seiten sowie Fahrerkabinen an beiden Fahrzeug-

[1] Zur Unterscheidung der HVZ-Linie von der normal verkehrenden Linie befindet sich im oberen Drittel der Liniennummer ein waagerechter roter Querstrich.

8xGel-Tw 2269 Typ K 66, Baujahr 1966 (1974 umgenummert ex 1269) ist im Oktober 1987 auf der SL 702 in Höhe des Spichernplatzes unterwegs.

Schneekehre 5112 und Schienenschleifwagen 5164 im Betriebshof Derendorf, September 1987.

An der Ecke Golzheimer-/Römerstraße in Derendorf fährt 8xGel-Tw 2667 auf die noch etwa 100 m entfernte Hst. Essener Straße zu.

enden. Dies wurde erforderlich durch die Ausführung des Haltepunkts Wittlaer mit Mittelbahnsteig und durch den Wegfall der platzaufwendigen und teuren Wendeschleifen im Tunnelbau.

Vier der insgesamt 69 Fahrzeuge umfassenden Lieferung erhielten im türlosen Mittelteil einen Büffetraum, der gegenüber den bisherigen Fahrzeugen sogar noch vergrößert werden konnte. Ab 1976 fuhren auf der Linie U 79 Düsseldorf – Duisburg nur noch diese neuen Zweirichtungs-Achtachser. Die Duisburger Verkehrsgesellschaft erwarb diese Fahrzeuge nicht, mietete jedoch einige von der Rheinbahn und besetzte sie mit eigenem Personal. Die freigewordenen Einrichtungs-Achtachser beider Gesellschaften verkehrten – nun ohne Küchenabteil – jetzt auf Lokallinien.

1973 erhielten die Städte Bonn und Köln die Prototypen eines von der DUEWAG hergestellten sechsachsigen Doppelgelenk-Zweirichtungstriebwagens des Typs B100 mit den Abmessungen eines Achtachsers, der für voll ausgebaute Stadtbahnstrecken mit mittelhohen oder auch hohen Bahnsteigen entwickelt worden war, gleichzeitig aber auch durch das Anbringen von Klapptrittstufen auf geeigneten Straßenbahnstrecken mit einem Mindestradius von 25 m verkehren konnte. Diese Fahrzeuge hatten eine Länge von 26,9 m und eine (U-Bahn-)Breite von 2,65 m, die es erlaubte, links und rechts des Mittelgangs Abteilquersitze in der Anordnung 2×2 zu installieren, auf denen 72 Fahrgäste Platz fanden. Das Fassungsvermögen einer Einheit war für insgesamt 296 Personen ausgelegt. Die eingebaute Schaltsteuerung und die Fahr-Brems-Regelung erlaubten die Bildung von bis zu Vier-Wagen-Zügen. Auch die Möglichkeit des Betriebs mit seitlicher Stromschiene war gegeben. Nach anfänglichem Zögern – die Stadtbahn Rhein-Ruhr hatte einen achtachsigen Doppel-Tw des Typs A für den Betrieb mit Stromschiene favorisiert – entschieden sich auch die Städte Düsseldorf und Duisburg für die Beschaffung des flexibleren Typs B, jedoch als B80, der eine Höchstgeschwindigkeit von 80 km/h erreicht.

Typ B100, für die städteverbindenden Linien konzipiert, erreicht eine Höchstgeschwindigkeit von 100 km/h. Während Düsseldorf ab 1981 eine erste Serie von zwölf B80-Fahrzeugen erhielt, trafen in Duisburg 1983 drei von insgesamt 18 Fahrzeugen ein. Hier verzögerte sich ihr Einsatz aufgrund ihrer Breite, die es nicht erlaubte, auf den noch nicht angepaßten Schienenanlagen einen Begegnungsverkehr durchzuführen. Von den 18 Stadtbahnwagen mit den Wagennummern 4701 bis 4718 erhielten die letzten vier ein Speisewagenabteil mit einer Kücheneinrichtung, die weitgehend der des Düsseldorfer GT8S-Typs entsprach.

Neue Straßenbahnanlagen

Neben dem weiteren Stadtbahnbau, der aus finanziellen Gründen nicht so zügig wie geplant weitergeführt werden konnte, wurde auch der Ausbau verschiedener Straßenbahnknotenpunkte notwendig. Der kritischste Knotenpunkt war der Staufenplatz im Stadtteil Grafenberg. Seit Einführung der ersten elektrischen Straßenbahnlinie in Düsseldorf kreuzte die Eisenbahnstrecke Grafenberg – Rath die Straßenbahn niveaugleich. In den sechziger Jahren wurde die Eisenbahnstrecke elektrifiziert. Bei geöffneten Schranken wurde Fahrstrom in die Straßenbahnfahrleitung eingespeist. Bei Zugbetrieb wurde der Fahrstrom ab- und der Bahnstrom für die DB-Züge zugeschaltet. Mit dem zunehmenden Individualverkehr wurde diese Kreuzung zu einem allgemeinen Hindernis, zumal sie täglich etwa 230 Güterzüge und stündlich 34 Straßenbahnfahrzeuge passierten. So beschloß man endlich die Tieferlegung der Eisenbahnstrecke. Die Bauarbeiten waren am 14. August 1982 abgeschlossen. Die Straßenbahn erhielt einen eigenen Bahnkörper (auch für die Busse) und eine neue zweigleisige Wendeschleife südlich des Staufenplatzes, so daß die Schleifen beiderseits der ehemaligen niveaugleichen Kreuzung aufgegeben werden konnten.

Auch in Neuss bestand eine kritische Stelle an der Stadthalle. Der Individual- und der Straßenbahnverkehr behinderten sich so sehr, daß sich die Rheinbahn 1983 veranlaßt sah, die Straßenbahnwendeanlage nebst den Durchgangsgleisen umzugestalten. Nach dem Umbau war nur noch an einer Stelle eine signalgeregelte Kreuzung zwischen beiden Verkehrsträgern vonnöten. Alle Gleise wurden auf eigene Bahnkörper verlegt. Die neue Schleifenanlage erlaubte jetzt das Wenden der Straßenbahnen in beiden Richtungen. Um gegenseitige Behinderungen der hier endenden und durchgehenden Züge auszuschließen, entstanden vier Haltestellenanlagen – so ausgelegt, daß ein späteres Befahren mit den breiteren B80D-Wagen möglich sein sollte.

Eine weitere Maßnahme war die Verbreiterung der Bürgersteige auf Kosten der Fahrbahn an der südlichen Seite der Schadowstraße, einer der Hauptgeschäftsstraßen im nördlichen Düsseldorfer Innenstadtbereich, was Parken für Autos fortan unmöglich machte. (1995 geschah dies auch an der nördlichen Straßenseite, und zwar auf Initiative der ansässigen Geschäfte hin und teilweise durch diese vorfinanziert.)

Eine umfangreiche Straßenbahnwendeanlage entstand 1984 nördlich des Düsseldorfer Hauptbahnhofs. Sie wurde notwendig, da die bisherige wegen zu enger Radien den Einsatz der B80D-Stadtbahnwagen nicht zuließ. Hinter der nach Nordosten verlängerten viergleisigen Bahnsteiganlage Hauptbahnhof wurde eine sehr weiträumige Anlage errichtet, auf der je zwei Doppeltraktions-Achtachser Aufstellung finden. Zwischen den Liniengleisen wurde noch ein Stumpfwendegleis für die Züge der Linie 76 nach Krefeld angelegt.

Weitere Maßnahmen, die hier nicht alle vollzählig aufgeführt werden, waren in der Folgezeit:

- Veränderung des Streckenverlaufs der Linien 703 und 713 in Gerresheim, hierdurch Wegfall der Behinderungen im Nadelöhr Kölner Tor. Umwandlung des ehemaligen Abschnitts Neusser Tor – Kölner Tor in eine Fußgängerzone (1988).
- Abschied von der Straßenbahn in der Heinrich-Heine-Allee zwischen Elberfelder Straße und Ratinger Tor am 31. Juli 1988. Eröffnung der unterirdischen Strecke am 6. August für die aus Richtung Oberkassel kommenden Stadtbahnlinien.

- Eröffnung eines etwa 500 m langen, durchgängig zweigleisigen Streckenabschnitts der Linie 712 mit Wendeschleife in Volmerswerth.
- Inbetriebnahme des 800 m langen Straßenbahnabschnitts auf der Linie 704 vom Südpark zur neuen Endstelle mit zweigleisiger Wendeschleife Universität-Ost/Botanischer Garten am 14. Dezember 1991. Nach der (Wieder-) Eröffnung der Verbindung durch die Volmerswerther Straße (Linie 712) handelt es sich um die erste Erweiterung des Straßenbahnetzes der Rheinbahn nach 37 Jahren.

Beschleunigungsmaßnahmen

Im Frühjahr 1985 fanden zwischen der Rheinbahn und der Stadt Düsseldorf Beratungen über Einsparungsmöglichkeiten bei den Zuschüssen der Stadt an das Bahnunternehmen statt. Düsseldorf zahlte zur Abdeckung des Rheinbahn-Defizits im Jahre 1985 etwa 115 Mio DM, die bis 1993 auf über 200 Mio DM anwuchsen. Gesprochen wurde 1985 über die Möglichkeit der Reduzierung von Umlaufkursen und der Kursbeschleunigung. Hierzu sollten bis 1992 Vorrangschaltungen an Verkehrsampeln und bauliche Maßnahmen wie eigene Bahnkörper und Haltestelleninseln an ausgewählten Linien mit einem Kostenvolumen von 130 Mio DM geschaffen werden. Im Gegensatz zur Initiative der Geschäftswelt in der Schadowstraße im Jahre 1995 waren Bezirksvertretung und Bewohner der betroffenen Straßen sowie die Verfechter des Individualverkehrs nicht bereit, diese Baumaßnahmen mitzutragen. Noch einmal, 1993, fand eine Beratung zwischen Stadtrat und Rheinbahn statt, bei der beschlossen wurde, das Beschleunigungsprogramm nun doch bis 1998 durchzuführen.

Eine erste Maßnahme war der Streckenumbau auf der Kaiserswerther Straße zwischen Reeser und Freiligrathplatz im Linienverlauf der U 78 und U 79. Die vier 1937 erbauten Bahnkörper sollten auf zwei zurückgebaut werden bei gleichzeitiger Errichtung von Hochbahnsteigen in Mittellage, was schnellen Fahrgastwechsel gewährleisten sollte. Die Bauarbeiten, durch die die Schleife Reeser Platz fortfallen sollte, begannen im Mai 1997. Hochbahnsteige entstanden an den Hst. Reeser Platz, Nordpark, Messe Ost/Stockumer Kirchstraße und Freiligrathplatz (nur U 78), deren Betriebsaufnahme im März 1998 erfolgte. Bei der Fahrtrichtung in Richtung Duisburg wird an den Hst. Mühlenacker und Froschenteich (U 79) nur noch bei Bedarf gehalten.

Eine weitere Baumaßnahme im Verlauf der U 78 war die Tieferlegung der Gleise im Haltestellenbereich Schleife Messe/Rheinstadion im Sommer 1988. Durch diese Maßnahme ist ein niveaugleicher Fahrgastwechsel zwischen Fahrzeugen und Bahnsteigen möglich geworden, ohne daß neue Hochbahnsteige angelegt werden mußten.

8xGel-Tw 2559 und 6xGel-Tw 2509 warten am 7. Oktober 1994 am Betriebshof Am Steinberg auf den Einsatz in der Rundlinie 706 zum Brehmplatz, bzw. zum Jan-Wellem-Platz.

Nf-Gl-Tw 2121, Baujahr 1996, im Einsatz auf der SL 715, Eller – Unterrath. 11. Oktober 1997, Nähe Hauptbahnhof.

7. Die Erweiterung des Stadtbahnnetzes

Im Oktober 1981 wurden mit der Eröffnung des Stadtbahnvorlaufbetriebs erstmals Stadtbahnwagen des Typs B80D auf der Nordstrecke in Düsseldorf zwischen Jan-Wellem-Platz und Kaiserswerth eingesetzt. Ab April 1984 war dies auch zwischen Messe/Stadion und Hauptbahnhof auf der Linie 718 und der Linie 79 Düsseldorf – Duisburg nach Änderung des Gleismittenabstands in Duisburg und Änderungen der Gleisradien in Düsseldorf möglich. Seit 1. Juni 1986 kann nun auch die Linie 705 Neuss/Stadthalle – Düsseldorf/Hbf nach Neugestaltung dieser beiden Endpunkte mit B-Wagen befahren werden.

Ihren vollen Verkehrswert erhielt die Stadtbahn-Nordstrecke mit der Aufnahme des unterirdischen Betriebs zwischen den Stationen Heinrich-Heine-Allee, den Zwischenbahnhöfen Steinstraße und Oststraße und der Endstelle Hauptbahnhof. In den Bahnhöfen Heinrich-Heine-Allee und Hauptbahnhof liegen die Gleise niveaugleich, auf dem Abschnitt dazwischen aus Platzgründen übereinander. Auf der oberen Ebene wird in Richtung Heinrich-Heine-Allee, auf der unteren in Richtung Hauptbahnhof gefahren. Zentraler Verknüpfungspunkt der Stadtbahn, die am 8. Mai 1988 ihren Betrieb auf dieser Strecke aufnahm, ist der Düsseldorfer Hauptbahnhof. Die 115 m langen U-Bahnsteige, die Betrieb mit Stadtbahnzügen in Vierfachtraktion zulassen, sind in allen vier Stationen als Hochbahnsteige angelegt. Östlich des Hauptbahnhofs schließen sich unterirdische Tunnelstutzen für die geplanten Streckenverlängerungen in Richtung Eller und Wersten sowie eine viergleisige Kehr- und Abstellanlage an. Die viergleisige oberirdische Abstellanlage Stahlwerkstraße und die Straßenbahnstrecken in Richtung Oberbilk werden durch zwei eingleisige Rampen erreicht.

Die Aufnahme des Betriebs im Innenstadttunnel am 8. Mai 1988 erfolgte mit den Linien U 78 Hauptbahnhof U – Heinrich-Heine-Allee U – Nordstraße U – Messe/Stadion und U 79 Düsseldorf/Hauptbahnhof U – Heinrich-Heine-Allee U – Nordstraße U – Kaiserswerth – Wittlaer – Duisburg/Hauptbahnhof.

Die bisherige Linie 718 wurde durch die Linie U 78 ersetzt. Die Linien 79 und 711 sind in der neuen Linie U 79 aufgegangen, die im Gemeinschaftsbetrieb Rheinbahn/Duisburger Verkehrsgesellschaft bedient wird.

Seit 7. August 1988 benutzen auch die Linien der Stadtbahn-Weststrecke den Innenstadttunnel: U 76 Krefeld – Meerbusch – Heinrich-Heine-Allee U – Hauptbahnhof U, U 705 Neuss – Düsseldorf/Heerdt – Heinrich-Heine-Alle U – Hauptbahnhof U – Düsseldorf/Oberbilk S sowie 717 Meerbusch – Lörick – Heinrich-Heine-Allee U – Hauptbahnhof U – Holthausen.

Zur Verstärkung der Linie U 76 wurde von montags bis freitags in der HVZ eine nicht alle Haltestellen bedienende Linie U 70 eingesetzt, die zwischen Düsseldorf und Meerbusch (vormittags bis Krefeld) verkehrte und die bisherigen E-Wagen ersetzte.

Der Einführung der Weststreckenlinien in den Innenstadttunnel waren auf linksrheinischem Stadtgebiet aufwendige stadtbahngerechte Ausbauten vorausgegangen, wie beispielsweise die Verlegung der Gleise in einigen Abschnitten auf eigene Bahnkörper, Verlängerung von Haltestelleninseln für Doppeltraktionsbetrieb, Einbau von Gleiswechseln u.a.

Um einen zu großen Haltestellenabstand zwischen dem rechtsrheinischen Verknüpfungsbahnhof Heinrich-Heine-Allee und dem linksrheinisch gelegenen Luegplatz in Oberkassel zu vermeiden, wurde 1987 mit dem Bau des Haltepunkts Tonhalle an der östlichen Auffahrt zur Oberkasseler Rheinbrücke begonnen. Die Erstellung dieses Bauwerks, das unmittelbar an die Tunnelrampe in Höhe des Hofgartens anschließt, war erst nachträglich in die Stadtbahnplanung aufgenommen worden.

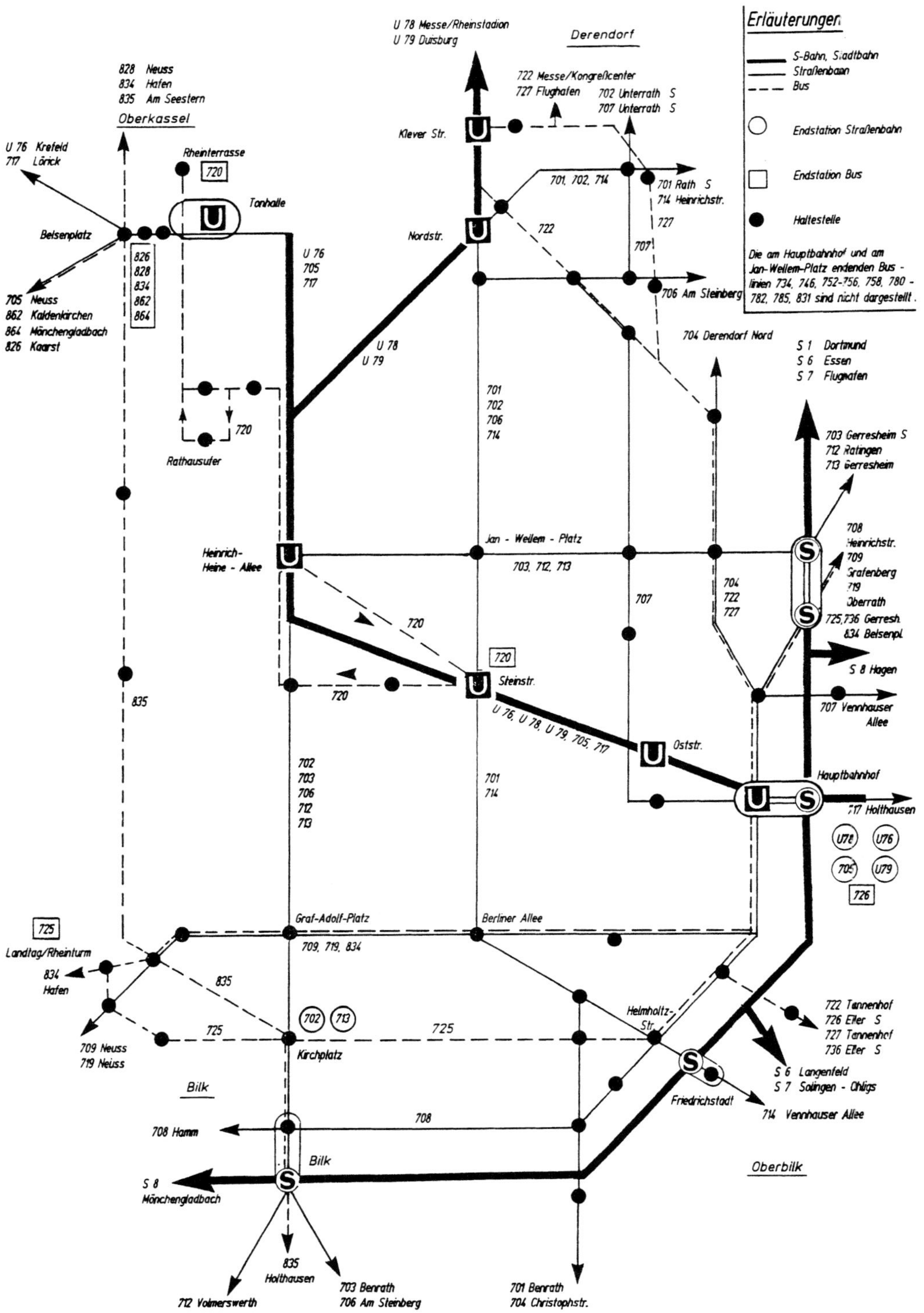

Die neue Linienführung des schienengebundenen öffentlichen Personennahverkehrs in Düsseldorf nach der großen Netzumstellung im Jahre 1988.

Am 20. Oktober 1991 legte ein Kabelbrand im U-Bahnhof Heinrich-Heine-Allee den gesamten U-Bahn-Verkehr in Düsseldorf lahm. Die an Wänden und Decken entlangführenden Kabelstränge wurden zerstört oder schwer beschädigt. Alle U-Bahnhöfe wurden sofort geschlossen und ein Schienenersatzverkehr eingerichtet. Ab 29. Oktober konnten die aus Oberkassel kommenden Linien wieder zum Hauptbahnhof durchgeführt werden, wobei sich der Betrieb recht mühsam gestaltete, da alle Weichen einzeln durch das Stellwerk bedient werden mußten. Neben großen Sicherheitsabständen galt auch eine Geschwindigkeitsbeschränkung auf 40 km/h und 10 km/h bei der Durchfahrt ohne Halt im Bahnhof Heinrich-Heine-Allee. Nach fast sechswöchigen Instandsetzungsarbeiten konnte am 30. November 1991 wieder der volle Betrieb aufgenommen werden.

Als erste unterirdische Verlängerung der viergleisigen Stammstrecke Heinrich-Heine-Allee – Hauptbahnhof wurde am 26. September 1994 der Abschnitt Hauptbahnhof – Ronsdorfer Straße in Richtung Lierenfeld/Eller eröffnet. Der etwa 1,1 km lange Tunnel verbindet den Ostkopf des unter dem Hauptbahnhof gelegenen Stadtbahnhofs mit der neuen Rampe in der Erkrather Straße und weiter mit der Straßenbahnstrecke nach Eller. Zwischen Hauptbahnhof und Rampe Erkrather Straße entstanden zwei U-Bahnhöfe: die Station Handelszentrum mit dem nördlichen Seitenbahnsteig in 12 m und dem südlichen in 18,5 m Tiefe, bedingt durch die Unterfahrung der Abstellanlage östlich des Hauptbahnhofs und des mitgebauten Tunnelstutzens für die Strecke in Richtung Oberbilk, und die Station Kettwiger Straße mit Mittelbahnsteig.

Hinter dem Bahnhof Handeslzentrum wird das Terrain des geplanten Internationalen Handelszentrum unterfahren, um nach Unterquerung einer Güterzugstrecke und Passieren des Bahnhofs Kettwiger Straße über eine Rampe die Mitte der Erkrather Straße zu erreichen. Ab dieser Tunnelrampe verläuft die Trasse als unabhängiger Mittelbahnkörper zur Station Ronsdorfer Straße, ausgerüstet mit einem Mittelhochbahnsteig. Hieran schließt sich nach einem kurzen Abschnitt im Straßenraum ein bereits 1991 fertiggestellter 500 m langer Mittelbahnkörper zur Haltestelle Betriebshof Lierenfeld an, von der aus in jeder Richtung eine doppelgleisige Zufahrt zum Straßenbahnbetriebshof Lierenfeld führt. Auf der Reststrecke entsprechen Trassierung und Lage der Haltestellen im wesentlichen dem bisherigen Straßenbahnbetrieb. Mit Aufnahme des Stadtbahnbetriebs wurde die bisherige Straßenbahnlinie 705 in U 75 umbenannt, die U-Bahn-Linie U 76 Krefeld – Düsseldorf bis zur neuen Kehranlage im U-Bahnhof Handelszentrum durchgeführt.

Ebenfalls am 26. September 1994 konnte im linksrheinischen Stadtteil Lörick eine etwa 540 m lange Neubaustrecke zum Büroviertel Am Seestern in Betrieb genommen werden. Hauptzweck war die Erschließung des bereits ab den siebziger Jahren entstandenen Bürokomplexes, in dem rund 7000 Mitarbeiter beschäftigt sind. Da noch weitere Neubauten geplant bzw. in der Ausführung begriffen sind, rechnet die Rheinbahn auf dieser Strecke mit einem Zuwachs von 2500 Fahrgästen pro Tag. Die Straßenbahnlinie 717 von Holthausen über den Hauptbahnhof führend erhielt nun ihre Endstelle Am Seestern. Mit der Aufgabe des Fahrscheinverkaufs auf den Stadtbahnlinien wurde die SL 717 in U 77 umbenannt; damit tragen nun alle den Innenstadttunnel benutzenden Linien das „U".

In der Sitzung vom 28. Januar 1993 beschloß der Stadtrat den Bau des unterirdischen U-Bahn-Abschnitts Hauptbahnhof – Oberbilk/Philipshalle sowie der oberirdischen Weiterführung auf eigenem Gleiskörper bis zum Werstener Kreuz (Strecke der SL 705 und 717). Dieser Beschluß erfolgte trotz schlechter städtischer Finanzlage wegen bereits erfolgter Zusagen im Zusammenhang mit dem Bau eines internationalen Handelszentrums entlang der künftigen U-Bahn-Strecke bis zum Oberbilker Markt und der hohen Verkehrsdichte in der Kölner Straße, weswegen die Straßenbahn immer wieder im Stau stecken blieb.

Durch die Baumaßnahme werden die Haltestellen Oberbilker Markt, Eller Straße und Oberbilk/Philipshalle durch U-Bahnhöfe ersetzt. Die

Von 1973 bis 1975 beschaffte die Rheinbahn 65 Exemplare eines achtachsigen Triebwagens mit der Bezeichnung GT8S. 8xGel-Tw 3054 ist im Oktober 1989 in der Dreherstraße in Gerresheim im Einsatz.

oberirdische Haltestelle Stahlwerkstraße und die gleichnamige Umsetzanlage hinter dem Hauptbahnhof werden entfallen. Der unterirdische Weiterbau vom Oberbilker Markt bis zur Siegburger Straße einschließlich der Errichtung einer unterirdischen Abstellanlage in Höhe der Philipshalle sowie der Rampe Kaiserslautener Straße wurde am 16. Januar 1997 per Schildvortrieb begonnen. Die Aufnahme des U-Bahn-Betriebs auf dieser Strecke ist für Oktober 2001 vorgesehen.

CityBahn Kaarst – Mettmann

Die DB wollte aus wirtschaftlichen Gründen 1991 die Teilstrecke Neuss – Kaarst (KBS 497) und die Linie Düsseldorf – Mettmann (KBS 456) stillegen und aufgeben. Die betroffenen Gemeinden hielten dies angesichts der bestehenden Verkehrsprobleme für unverantwortlich und stellten Planungen an, diese beiden Teilstrecken miteinander zu verbinden und notfalls auch in eigener Regie zu betreiben. Nachdem der Rat der Stadt Erkrath der Alternative einer CityBahn in regionaler Trägerschaft zugestimmt hatte, votierte am 28. Februar 1992 auch die Landeshauptstadt dafür, sich an dieser regionalen Trägerschaft zu beteiligen. Die verkehrliche Bedeutung dieser Strecke hat eine besondere Erschließungsfunktion für die Region Düsseldorf und stellt zum Individualverkehr mit 16 500 Autopendlern (1992) eine sinnvolle Alternative dar.

Die Stadt Neuss entschied sich im Juli 1992 ebenfalls für den Beitritt zu dieser regionalen Bahngesellschaft, war aber bestrebt, die Straßenbahnlinie 705 ab Neuss/Hauptbahnhof über eine noch zu bauende Rampe in die DB-Strecke nach Kaarst einzuführen.

Nach Gründung der Regionalen Bahngesellschaft Kaarst – Düsseldorf – Mettmann 1994 verabschiedete die Gesellschafterversammlung ein Betriebskonzept, wobei Verbrennungstriebwagen der Bauart Talent, DB-Baureihe 643 alle 20 Minuten unter Mitbenutzung der S-Bahngleise zwischen Neuss/Hbf. und Düsseldorf/Gerresheim

Anläßlich der Bundesgartenschau im Jahre 1987 in Düsseldorf war die Museumsgarnitur Tw 583 und Bw 797 neben weiteren Museumsfahrzeugen vom Mai bis zum Oktober auf einen Rundkurs in Düsseldorf unterwegs.

verkehren sollten. Die Betriebsaufnahme erfolgte am 26. September 1999 auf der gesamten Strecke bis einschl. der Verlängerung zur Station Kaarster See. Betreiberin ist die Rheinisch- Bergische Eisenbahn, eine Tochtergesellschaft der Deutschen Eisenbahn-Gesellschaft, Frankfurt/Main. Sie erhielt am 1. Juli 1994 eine Option zur späteren Elektrifizierung und zur Verlängerung der Weststrecke bis Mönchengladbach – Viersen – Venlo und der Oststrecke bis Wuppertal.

Rheinbahnstrecken in Neuss

Nach Einstellung der letzten Neusser Straßenbahnlinie 1971 hatte die Rheinbahn die Bedienung der Neusser Innenstadtstrecke übernommen. Die SL 705 erreichte aus nördlicher Richtung über die Oberkasseler Brücke und die SL 709 und 719 aus östlicher Richtung über die Südbrücke die Neusser Innenstadt. Die SL 705 und 719 fanden ihre Endhaltestellen an der Stadthalle, die SL 709 endete jedoch am Neusser Hauptbahnhof. Die Linien 705 (heutige U 75) und 709 befuhren in der Innenstadt die Fußgängerzone, was der Rat der Stadt Neuss auf die Dauer als belästigend empfand.

Nach Untersuchung verschiedener Möglichkeiten zur Verlegung der Schienentrasse und dem Ergebnis „Undurchführbar“ beschloß der Rat 1992, den Betriebsführungsvertrag mit der Rheinbahn zum Jahresende 1995 zu kündigen. Ziel dieses Beschlusses war, die Linie 705 am Hauptbahnhof und die Linie 709 an der Stadthalle vor Erreichen der Fußgängerzone enden zu lassen.

Kurz vor dem Jahresende 1993 kündigte die Stadt Neuss den Vertrag mit der Rheinbahn, da keine Einigung in der Durchführung des Straßenbahnbetriebs erzielt werden konnte. Die Rheinbahn zeigte sich bereit, einer Abbindung der U 75 am Neusser Hauptbahnhof zuzustimmen, war jedoch mit der Forderung der Ausdünnung und der Einstellung der SL 709 an langen Samstagen nicht einverstanden, hätte doch die zeitweilige Abbindung den Einsatz von Zweirichtungstriebwagen erfordert. Zur Übernahme der hierdurch entstehenden Mehrkosten war die Stadt Neuss je-

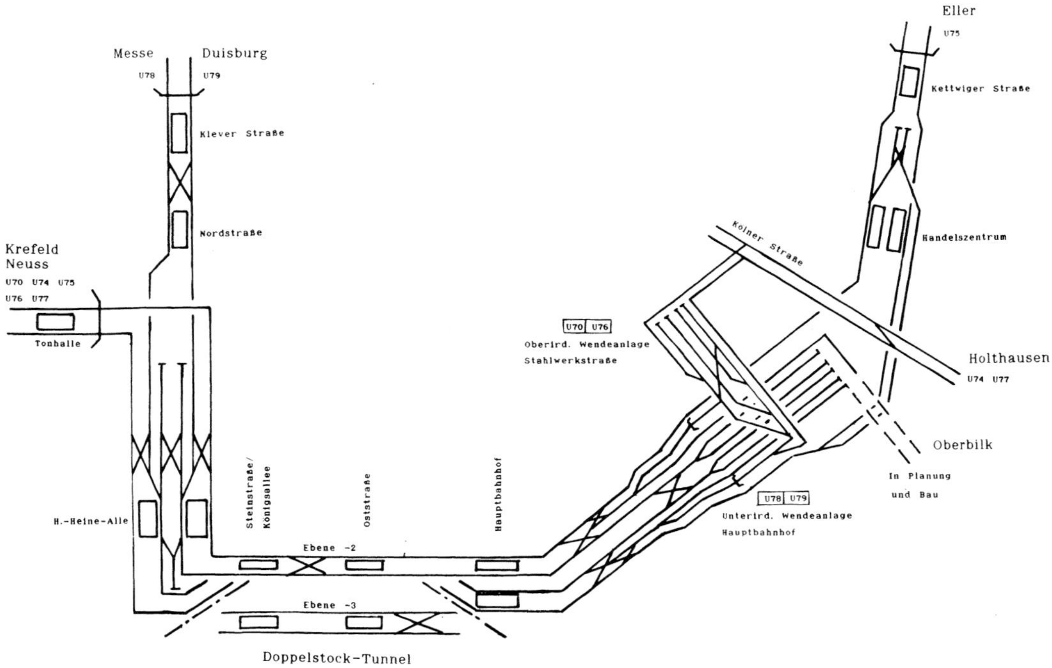

Darstellung der unterirdischen Stadtbahnanlagen in der Innenstadt von Düsseldorf, 1996.

doch nicht gewillt. Die Rheinbahn war auch nicht bereit zur Annahme der Kündigung; der Straßennutzungsvertrag und die Linienkonzession laufen erst im Jahre 2000 aus. Rückendeckung hat die Rheinbahn bei ihrer Ablehnung durch das nordrhein-westfälische Verkehrsministerium insofern erhalten, als dieses verlauten ließ, für die notwendigen Änderungen der Gleisanlagen seien keine Zuschüsse seitens des Landes zu erwarten, und auch an die Rückzahlung von Zuschüssen, die für die Gleisanlagen in Neuss geleistet wurden, sei gedacht.

Im Herbst 1995 konnte zwischen der Stadt Neuss und der Rheinbahn eine Vereinbarung über die Fortsetzung des Straßenbahnverkehrs in der Neusser Innenstadt erreicht werden, deren Inhalt lautet: Die Stadt Neuss nimmt die ausgesprochene Kündigung des Ringlinienvertrags und des bestehenden Straßennutzungsvertrags zum Jahresende 1995 zurück, die Stadt Neuss sucht nach einer Ersatzlösung für die Führung der Straßenbahn durch die Innenstadt, ab dem 3.11.1995 wurde der Straßenbahnverkehr in der Fußgängerzone während der Hauptgeschäftszeiten (donnerstags abends, langer Samstag) eingestellt. Während der Hauptgeschäftszeiten endet die U 75 an der Haltestelle Neuss Hbf und setzt über den dort befindlichen Gleiswechsel um, die SL 709 wendet in der Schleife Neuss Stadthalle.

In weiteren Ratssitzungen 1996 und 1997 wurde das endgültige Aus der Straßenbahn in der Fußgängerzone zum 31. 12. 1999 beschlossen sowie die Erstellung einer neuen Trasse parallel zur Fußgängerzone für die SL 709, so daß die Straßenbahn in der Innenstadt von Neuss weiterhin verkehren könnte. Die Planungen zur Herausnahme der U 75 aus der Fußgängerzone wurden bereits im August 1999 Wirklichkeit. Seit dem 28. August 1999 verkehrt die U 75 nur noch bis Neuss/Hbf., wo eine neue zweigleisige Kehranlage entstand, die SL 709 verkehrt weiterhin durch die Fußgängerzone.

Zwischenzeitlich (1997) hatte sich eine Bürgerinitiative gebildet mit dem Ziel, ein Begehren gegen die Verlegung der SL 709 aus der Fußgängerzone herbeizuführen mit der Begründung, daß die Kosten für die Trassenverlegung zu hoch seien.

Problemfall Wehrhahnlinie

In Fortsetzung der von Düsseldorf ausgehenden Konzeption, zuerst innerstädtische Verkehrsschwerpunkte durch Unterfahrung zu entlasten, war geplant, eine dritte Düsseldorfer Durchmesserlinie von Süden her über das Stadtzentrum in Richtung Osten unterirdisch zu führen. Zwischen Bilk im Süden und Wehrhahn im Osten sollten zwei weitere Verknüpfungspunkte zum S-Bahn-Netz hergestellt werden. Beim Bau des Verknüpfungsbahnhofs Heinrich-Heine-Allee war schon im Südkopf ein Kehrgleis zur Verbindung mit der geplanten Wehrhahnlinie hergestellt worden, ebenso in der Ebene 3 ein 174 m langes Tunnelstück. Im Herbst 1990 erteilte der Rat der Stadt Düsseldorf sein Einverständnis zum Bau dieser dritten unterirdischen Strecke mit einer Trassenlänge von 7,4 km und 14 Stationen, von denen acht unterirdisch angelegt werden sollten. Diese neue Linie folgt im wesentlichen ab der Haltestelle Schlüterstraße über die Stationen Wehrhahn, Heinrich-Heine-Allee, Bahnhof Bilk zur Rampe in der Werstener Straße dem Verlauf der Stadtlinien 712 (bis Bf. Bilk) und 707 (ab Bf. Bilk).

Im Herbst 1994 wurden die Vorarbeiten zu diesem Projekt aus politischen Gründen vorerst eingestellt und im Nahverkehrsplan der Stadt Düsseldorf war im Dezember 1997 die sog. Wehrhahnlinie nicht mehr aufgeführt. Nach der Kommunalwahl im Sept. 1999 sprach sich die neue politsche Mehrheit im Rat der Stadt Düsseldorf dafür aus, die Wehrhahnlinie in den ÖPNV-Ausbauplan aufnehmen zu lassen und die Vorarbeiten für dieses Vorhaben offensiv voranzutreiben. Gegenüber den bisherigen Stadtbahntunnelstrecken, die mit Hochbahnsteigen für die Stadtbahn-B-Wagen ausgerüstet sind, sollen auf der Wehrhahnlinie nur Niederflurfahrzeuge eingesetzt werden. Hintergrund dieser Planung ist, daß 28 km Zulaufstrecken, die zum großen Teil über eigene Bahnkörper verfügen, nicht mit Hochbahnsteigen ausgerüstet werden müßten. Planungs- und Planfeststellungsverfahren werden mit drei, die Bauzeit mit fünf bis sechs Jahren angenommen, so daß die Inbetriebnahme im Jahre 2008 denkbar wäre.

1988 hatte man mit der Eröffnung des Innenstadttunnels auch eine Liniennetzumstellung vorgenommen. Die Aufnahme des Stadtbahnbetriebs nach Eller und zur neuen Endstelle Am Seestern brachte wiederum eine Linienänderung mit sich. Im Zuge von Sparmaßnahmen wurden 1993 Fahrpläne und Linienwege des Bahn-(und Bus-)Betriebs mehrfach geändert, so daß Ende 1994 folgende Bahnlinien verkehrten:

U 70: Krefeld/Dießem – Düsseldorf/Oberkassel – Düsseldorf/Hauptbahnhof (HVZ-Linie)

U 74: (Hoterheide – Haus Meer –) Lörick – Oberkassel – Hauptbahnhof – Oberbilk – Wersten (– Holthausen)

U 75: Neuss/Stadthalle – Düsseldorf/Heerdt – Oberkassel – Hauptbahnhof – Lierenfeld – Düsseldorf/Eller

U 76: Krefeld/Rheinstraße – Meerbusch – Oberkassel – Düsseldorf/Hbf

U 77: Am Seestern – Oberkassel – Hauptbahnhof – Oberbilk – Wersten – Holthausen

U 77: Am Seestern – Oberkassel – Hauptbahnhof – Oberbilk/S-Bhf (HVZ-Linie)

U 78: Messe/Rheinstadion – Hauptbahnhof

U 79: Duisburg/Duissern – Düsseldorf/Kaiserswerth – Düsseldorf/Hauptbahnhof

SL 701: Rath S – Derendorf – Berliner Allee – Wersten – Holthausen – Benrath

SL 703: Gerresheim S – Grafenberg – W.-Marx-Haus – Kirchfeldstraße

SL 704: Düsseldorf/Derendorf – Hauptbahnhof – Graf-Adolf-Platz – Düsseldorf/Südfriedhof (– HVZ Neuss/Stadthalle)

SL 706: Am Steinberg – W.-Marx-Haus – Sternstraße – Zoo S – Oberbilk S – Volksgarten S – Am Steinberg

SL 707: Unterrath S – Spichernplatz – Nordstraße – Hauptbahnhof – Bilk S – Universität

SL 708: Hamm S – Fürstenplatz – Hauptbahnhof – Zoo S – Heinrichstraße

SL 709: Düsseldorf/Grafenberg – Flingern – Hauptbahnhof – Graf-Adolf-Platz – Düsseldorf/Südfriedhof – Neuss/Theodor-Heuss-Platz

SL 711: Heinrichstraße – Nordstraße – Berliner Allee – Universität (HVZ-Linie)

Im April 1987 ist ein Zug, gebildet aus 4xTw 2107 und einem 4xBw, auf der SL 702 vom Kirchplatz auf der Kalkumer Straße in Höhe der Elsässer Straße in Richtung Unterrath unterwegs.

SL 712: Ratingen – Düsseldorf/Oberrath – W.-Marx-Haus – Bilk S – Düsseldorf/Volmerswerth
SL 713: Grafenberg – W.-Marx-Haus – Bilk S – Wersten – Holthausen (HVZ-Linie)
SL 715: Unterrath S bzw. Spichernplatz – W.-Marx-Haus – Graf-Adolf-Platz – Oberbilk S – Lierenfeld – Eller
SL 719: (Hubertushain – Flingern –) Hauptbahnhof – Graf-Adolf-Platz – Polizeipräsidium

8. Betriebshöfe

Mit Beginn des Pferdebahnbetriebs war auf dem Gelände des abgebrannten Schlosses am Burgplatz ein Schuppen zur Aufnahme von Pferden und Wagen errichtet worden, der schon recht bald den Anforderungen des sich ausdehnenden Betriebs nicht mehr genügte. Am 22. Dezember 1878 wurde der Betriebshof Nordstraße eröffnet, die Stadt Düsseldorf hatte dem Pferdebahnunternehmen hier ein Grundstück an der Endstelle der Linie Bergisch-Märkischer Bahnhof – Königsallee – Nordstraße bereitgestellt.
Noch vor der Aufnahme des elektrischen Straßenbahnbetriebs 1896 baute die Stadt Düsseldorf in der Nähe des neuen Hauptbahnhofs, eingeengt zwischen zwei Eisenbahnstrecken, den Betriebshof Erkrather Straße, der am 10. November 1893 eröffnet wurde. Er erwies sich mit der fortwährenden Vergrößerung des Liniennetzes schon bald als zu klein; ein Teil der Pferde wurde deshalb auf einem Bauernhof in Oberbilk untergestellt. Im wesentlichen bestand dieses Depot aus zwei großen Wagenhallen mit angrenzenden Werkstätten, Stallungen und einem Verwaltungsgebäude. Dem technischen Stand der Pferdebahn entsprechend waren an Werkstätten eine Lackiererei, Sattlerei, Schreinerei, Schmiede und Schlosserei vorhanden. Für die beginnende Elektrifizierung der Straßenbahnstrecken wurde ein Accumulatorengebäude mit einer Stromerzeugungsanlage errichtet.
Den Keller der Wagenhalle I hatte man als Stellfläche für die Aufnahme von Pferdebahnwagen ausgebaut. Mit einem Aufzug wurden die Sommerwagen im Winter und die Winterwagen im Sommer in diesen Keller abgelassen. Kurz vor der Jahrhundertwende war die Linienlänge auf 45 km angewachsen. Mit 370 Pferden und 88 Wagen wurde über eine Million Fahrgäste befördert. Die Umstellung auf elektrischen Betrieb erforderte neben der Errichtung weiterer Depots

Nach dem 2. Weltkrieg fand 2xTw 529 aus dem Baujahr 1913 als Lehrwagen Verwendung. Betriebshof Erkrather Straße, September 1950.

auch den Umbau des Betriebshofs Erkrather Straße. Mit dem Zusammenschluß der Düsseldorfer Straßenbahn und der Rheinischen Bahngesellschaft wurden die Gebäude und Anlagen nur noch als (Haupt-)Werkstatt genutzt. Für alle Reparaturen, Zwischen- und Hauptuntersuchungen an den 809 Straßenbahnfahrzeugen und 221 Güter- und Arbeitswagen (1933) war fortan die Hauptwerkstatt zuständig.
Während des Zweiten Weltkriegs hatte die Rheinbahn vorsichtshalber einen Teil der Maschinen und Werkzeuge nach Oberkassel gebracht, um bei einer eventuellen Zerstörung der Rheinbrücken über eine Ausweichwerkstatt für die linksrheinischen Linien zu verfügen. In den Jahren der schweren Luftangriffe, 1943 und 1944, wurden weite Teile der Hauptwerkstätte zerstört. Ab 1947 begann der planmäßige Wiederaufbau. Der Einsatz der ersten Großraumwagen ab 1951 zeigte, daß die Werkstattanlagen für größere Fahrzeugeinheiten nicht geeignet waren. Dies wurde noch deutlicher mit der Beschaffung der neuen Stadtbahnwagen B80. Die Gleisabstände, Toröffnungen und Gleisbögen waren für die Aufnahme dieser Fahrzeuge ungeeignet. Mit Inbetriebnahme der neuen Zentralwerkstätte in Heerdt schlossen sich am 16. Juli 1992 die Tore der Hauptwerkstätte Erkrather Straße. Die Gebäude wurden unter Denkmalschutz gestellt und anschließend zu einem Musical-Theater umgebaut.
Die am 25. März 1896 gegründete Rheinbahn kaufte in Oberkassel von der Gemeinde Heerdt und von privaten Besitzern landwirtschaftlich genutzten Boden auf, dessen Reste sie nach Errichtung der Rheinbrücke und nach Betriebsaufnahme der Kleinbahn als Bauland weiterverkaufte. Im Raum des heutigen Meerbusch erschloß sie mehrere Lehmgruben und betrieb auch für kurze Zeit einige Ziegeleien. So lieferte sie vor allem der Industrie das notwendige Baugelände und auch noch das Baumaterial und sorgte zugleich durch Schienenanschlüsse dafür, daß das Material auch an die Baustelle gelangte. Mit den in eigener Regie hergestellten Baumaterialien errichtete die Rheinische Bahngesellschaft an der Hansaallee 1 die Zentrale Oberkassel, Wohnhäuser für ihr Personal sowie Stationsgebäude und Wärterwohnungen an der Fernstrecke Düsseldorf – Krefeld. Auf dem Gelände der Zentrale entstanden eine 60 m × 23 m große, halb unterkellerte Wagenhalle mit sechs Gleisen, eine große Reparaturwerkstatt mit einem Magazin sowie ein Kraftwerk mit Maschinenhaus, Kesselhaus, Kühlturm und Schornstein. Für den Güterverkehr wurde noch ein kleiner Betriebshof in Dießem mit drei Gleisen und einer Verwalterwohnung erbaut. Mit Aufnahme des Kleinbahnbetriebs am 15. Dezember 1898 waren in der Zentrale Oberkassel 13 Trieb-, acht Bei- und acht Güterwagen beheimatet. Der Personalbestand betrug zu dieser Zeit 204 Personen. Hinter der Zentrale wurde ein sogenanntes Stammgleis verlegt, das mit den Gleisen der Staatsbahn verbunden war und auf dem nach Ansiedlung von Fabrikbetrieben ein Werksverkehr aufgenommen werden sollte. Dieser begann am 1. Mai 1900. Hierzu wurden zwei Dampflokomotiven, die bis zur Elektrifizierung auf der Strecke Meerbusch – Uerdingen in Dienst standen, eingesetzt.
Für die am 16. Dezember 1911 eröffnete Verlängerung der Linie C von Uerdingen über Trompet nach Moers entstand in Trompet eine zweischiffige Wagenhalle mit sechs Gleisen, die am 1. Oktober 1911 in Betrieb gehen konnte. Nach Inbetriebnahme des neuen Betriebshofs Heerdt am 1. Juli 1928 wurde am darauffolgenden Tag die Zentrale Oberkassel stillgelegt und mit dem Abbruch der Wagenhalle begonnen. In einem Teil der früheren Reparaturwerkstatt erhielt die Fahrleitungsabteilung Oberkassel zur Betreuung des linksrheinischen Fahrdrahtbezirks ihr Domizil. Die Kühltürme wurden 1960, der Schornstein 1962 abgerissen, den linksrheinischen Güterverkehr übernahm zum 1. April 1962 die Deutsche Bundesbahn. Der während des Zweiten Weltkriegs zerstörte Betriebshof Trompet wurde nach dem Krieg wieder aufgebaut. Mit Einstellung der Straßenbahnlinie Meerbusch – Moers und Umstellung dieser Linie auf Busbetrieb erfolgte ein Umbau zu einem Busbetriebshof. Später wurde hier die Wartung von Bussen aufgegeben, das Gebäude verkauft. Am 20. Oktober 1958 legte man den 1923 vergrößerten Straßenbahnbetriebshof Dießem still. Auch er wurde veräußert.

ATw 5133 ex Siegener Tw 14 und Turmwagen 5371 im Betriebshof Derendorf, August 1977.

Im Betriebshof Grafenberg stehen am 6. August 1964 E-Züge zum Einsatz in der Hauptverkehrszeit auf Teilstrecken-Linien bereit.

Mit dem Beschluß der Düsseldorfer Stadtverordneten, drei neue Vorortlinien nach Rath, Eller und Gerresheim zu bauen, wurde am 28. Dezember 1899 auch den Bau von drei Zweigbetriebshöfen in Derendorf, Eller und Grafenberg genehmigt. Den Bau des Betriebshofs Münsterstraße in Derendorf begann man im Jahre 1901, die Inbetriebnahme der neuen Anlage erfolgte am 15. März 1902. Erbaut wurde eine dreischiffige Wagenhalle mit je fünf Gleisen, die an je eine auf dem Hof eingebaute Drehscheibe angeschlossen waren. Daneben entstanden ein Verwaltungsgebäude mit einem Aufenthalts- und Abrechnungsraum, eine Reparaturwerkstatt u.a. In diesem Betriebshof waren Fahrzeuge der Linien mit folgender späterer Numerierung untergebracht:

Linie 1: Derendorf – Bilk
Linie 2: Nordfriedhof – Hauptbahnhof
Linie 4: Rathaus – Zoologischer Garten
Linie 7: Uhlandstraße – Hafen

Der Betriebshof Münsterstraße wurde 1911 um zwei weitere Hallenschiffe erweitert und in einem Teil davon 1916 auf Grund der schlechten Ernährungslage der Bevölkerung eine Volksküche eingerichtet. Nach dem Ersten Weltkrieg war der Betriebshof für die an ihn gestellten Anforderungen bald zu klein; für eine Vergrößerung reichte der Platz nicht aus. Die Rheinbahn konnte ebenfalls in der Münsterstraße ein wesentlich größeres Grundstück erwerben und begann am 15. November 1924 mit dem Bau des Betriebshofs Derendorf, der am 1. Oktober 1925 in Betrieb genommen werden konnte. Die Anlagen des alten Betriebshofs Münsterstraße wurden von der im November 1924 gegründeten Rheinischen Kraftwagen-Betriebsgesellschaft übernommen, die sich jedoch am 30. April 1930 auflöste. Der Betriebshof wurde daraufhin verpachtet und später verkauft. Die Anlagen des neuen Betriebshofs bestanden aus einer 130 m × 54 m messenden Halle mit zwölf Gleisen, unterkellerten Nebenräumen wie Werkstatt und Magazin sowie einem Verwaltungsgebäude mit zehn Wohneinheiten. Im November 1944 wurde der Betriebshof fast völlig zerstört; im November 1945 konnte die Halle zur Hälfte wieder in Betrieb genommen werden. Im Hinblick auf die geplante Zusammenziehung und Vereinheitlichung des Wagenparks und der

ATw 5112 ex Gummersbach Tw 2 versah von 1957 an seinen Dienst als Schneekehre und Sandwagen bei der Rheinbahn. Betriebshof Derendorf, 1970.

dafür notwendigen Vergrößerung des Betriebshofs konnte die Rheinbahn ein großes Areal erwerben, auf dem 1958 mit den Arbeiten zur Erweiterung begonnen wurde. Das Richtfest der neuen, 16gleisigen Halle feierte man am 13. August 1959. Mitte der sechziger Jahre nahmen vom vergrößerten Betriebshof Derendorf folgende Linien ihren Dienst auf:

sieben Züge der Linie 1	*vier Züge der Linie 10*
acht Züge der Linie 1E	*zehn Züge der Linie 11*
sieben Züge der Linie 2	*sieben Züge der Linie 12*
drei Züge der Linie 7/18	*ein Zug der Linie 12E*
sechs Züge der Linie 8	*zwei Züge der Fernlinie D*
fünf Züge der Linie 8E	*zwei Züge der Linie D/E*

Die Werkstatt betreute am 1. Februar 1966 in Tag- und Nachtarbeit 33 Trieb- und 45 Beiwagen alter Bauart sowie 61 Großraumtrieb- und 46 Großraumbeiwagen. Ende 1991 begann der Umzug aller Fahrzeuge auf den Zentralbetriebshof in Lierenfeld.

Am 27. Januar 1896 fuhr erstmals in Düsseldorf eine elektrische Straßenbahn von der Schützenstraße über die Grafenberger Allee nach Grafenberg. Der Pächter der Düsseldorfer Straßenbahn, von Tippelskirch, baute auf eigene Rechnung eine Straßenbahnstrecke nach Ratingen. Für diese Kleinbahn entstanden in Rath ein Elektrizitätswerk, eine Wagenhalle für insgesamt 16 zweiachsige Fahrzeuge und eine Reparaturwerkstatt. Das Depot Rather Zentrale nahm am 1. Juli 1899 seinen Betrieb auf. Den Strom erhielt diese Strecke nun nicht mehr von Düsseldorf, sondern aus dieser Zentrale. Schon zwei Jahre später, am 19. März 1901, ging die Kleinbahn Grafenberg – Rath – Ratingen und mit ihr das Depot in den Besitz der Düsseldorfer Straßenbahn über. Die Zentrale Rath wurde mit gleichem Datum stillgelegt. Aus dem Verwaltungsbau entstanden Wohnungen; die Wagenhalle vermietete man an Gewerbebetriebe.

Am 12. Dezember 1898 eröffnete die Continentale Gesellschaft die meterspurige Kleinbahn für den Personenverkehr von Benrath zur Kölner Straße in Düsseldorf. Als Unterkunft für die Fahrzeuge und das Personal diente eine 1898/99 erbaute Wagenhalle mit einer Kraftstation, Zentrale Benrath genannt. Daneben entstanden aber auch Wagenhallen in Vohwinkel und in Ohligs. Gemäß Vertrag zwischen der Gesellschaft und der Stadt Düsseldorf begann am 1. August 1900 der Stückgutverkehr, für den in Düsseldorf an der Kölner Straße ein Güterschuppen entstand und in Benrath die Zentrale vergrößert wurde. In einem Nachtrag zur Konzession wurde der Kleinbahn am 26. August 1900 die Bewilligung zur Verlängerung der Bahn von Benrath nach Vohwinkel erteilt. Die ursprünglich eigenständige Gesellschaft kam im Jahre 1911 unter die Betriebsführung der Rheinbahn. Von 1916 an drängte die städtische Straßenbahn die Kleinbahn nach dem damals noch selbstständigen Benrath zurück, so daß ab 1917 nur noch die Strecke Benrath – Vohwinkel mit der Abzweigung Hilden – Ohligs von der Kleinbahn bedient wurde. Die Kraftstation wurde am 1. Dezember 1926 stillgelegt, den Strom lieferte fortan das RWE. Benrath wurde am 1. August 1929 nach Düsseldorf eingemeindet und die Rheinbahn 1934 Besitzer des Benrather Netzes. Mit der Stillegung der Linie V nach Vohwinkel 1961 und der Linie O nach Ohligs 1962 war auch das Ende der Zentrale Benrath gekommen. Die Aufgaben der Straßenbahn übernahmen nach deren Stillegung Omnibusse, für die auf dem Gelände des Depots 1957/58 eine neue Omnibushalle errichtet wurde. 1963/64 entstand unter Einbeziehung der ehemaligen Wagenhalle der Straßenbahn eine zweite Omnibushalle.

Bei der Eröffnung der Streckenverlängerung von Oberbilk nach Eller am 1. Mai 1902 hatte die Preußische Staatsbahn die niveaugleiche Überquerung von besetzten Straßenbahnfahrzeugen untersagt; lediglich Leerwagen durften die Gleise der Güterzugstrecke Grafenberg – Lierenfeld kreuzen. Für die Pendelwagen, die vom Bahnübergang bis zur Endstelle Eller verkehrten, entstand 1902 in der Kaiserstraße der kleine Betriebshof Eller. Nach Einstellung der (Pendel-) Linie 6 zwischen Eller, Kaiserstraße und Oberbilk Heerstraße am 18. Oktober 1932 wurde mit den Höherlegungsarbeiten der Reichsbahntrasse begonnen. Die damit verbundenen Straßenänderungen und die gleichzeitige Anlage neuer Straßenbahnstrecken machten den Betriebshof für die Straßenbahn entbehrlich. Er diente fortan

der Unterstellung von Omnibussen der 1923 gegründeten Rheinischen Kraftwagen-Betriebsgesellschaft bis zu deren Auflösung.
1902 begann die Düsseldorfer Straßenbahn mit dem Bau des Straßenbahnzweigbahnhofs Limburgstraße, den sie am 1. Mai 1903 in Betrieb nahm. Auf einem Gelände zwischen Grafenberger Allee, Limburg- und Altenbergstraße entstand das Depot Grafenberg mit einer dreischiffigen Halle von 58 m Länge, 54 m Breite und 15 Gleisen. Mit Inbetriebnahme dieses Betriebshofs wurden hier die Fahrzeuge für die Linien 13 Düsseldorf – Gerresheim und 4 Elberfelder Straße – Heinrichstraße stationiert. Die Zerstörungen durch Luftangriffe im Zweiten Weltkrieg waren nur geringer Art. Das Verwaltungsgebäude, das teilweise ausgebrannt war, konnte nach dem Krieg vergrößert aufgebaut werden, ebenso die Werkstätten und die Sozialräume. Da Erweiterungsmöglichkeiten nicht gegeben waren und die Wartungsanlagen auch nicht mehr modernen Anforderungen entsprachen, schloß dieser Betriebshof am 16. Oktober 1969 seine Tore. Die Fahrzeuge wurden zum vergrößerten Depot Münsterstraße (Derendorf) umgesetzt. Der Betriebshof stand über viele Jahre leer und wurde letztendlich abgebrochen; auf dem Depotgelände entstanden Wohnhäuser.
Das Rheinisch-Westfälische Elektrizitätzwerk RWE erbaute 1908/09 die Betriebshöfe Mettmann und Wülfrath (der Standort des letzteren ist bis heute ungeklärt) für die Aufnahme von Fahrzeugen der 1908 genehmigten normalspurigen Bahn von Düsseldorf Auf der Hardt nach Mettmann und weiter nach Dornap, Vohwinkel und zur Strecke Wülfrath – Tönisheide. Im Zusammenhang mit der Eröffnung der Neubaustrecke Mettmann – Wülfrath 1928 wurde wahrscheinlich der 1908/09 erbaute Betriebshof Wülfrath geschlossen und an anderer Stelle neu erbaut. Mit Übernahme der Strecke Wülfrath – Wieden durch die Stadtwerke Wuppertal gelangte dieser ebenfalls an dieses Verkehrsunternehmen. Am 9. Dezember 1936 erfolgte die Stillegung der Strecke Düsseldorf – Mettmann und die Umstellung auf Omnibusverkehr.
Das Vorhaben der Rheinbahn, die 1937 den Mettmanner Betrieb vollständig übernahm, unter Verbreiterung der Straßen eine elektrische Schnellbahnverbindung zu errichten, wurde niemals Wirklichkeit. Bis auf die Zerstörung von zwei Omnibussen durch Brandbomben kam der Betriebshof Mettmann im Zweiten Weltkrieg ohne größere Schäden davon. Die fast unbeschädigte Werkstatt benutzte die Rheinbahn nach dem Kriege zur Reparatur ihrer zerstörten Fahrzeuge.
Neben dem Aufschwung des Omnibusbetriebs waren die unverhältnismäßig vielen Sondereinrichtungen zur Durchführung des Omnibus-Oberleitungsbetriebs zwischen Mettmann und Gruiten ein Grund, diesen wie auch die letzte Straßenbahnlinie nach Vohwinkel 1952 einzustellen. Die fünfgleisige alte Halle ist inzwischen abgebrochen worden. An anderer Stelle entstand 1964/65 eine neue zur Aufnahme der Rheinbahn-Omnibusse.
Im Jahre 1908 besaß die Düsseldorfer Straßenbahn 314 Straßenbahnwagen, die in den vorhandenen Depots nicht mehr alle untergebracht und gewartet werden konnten. Im gleichen Jahr konnte die Straßenbahn das neue und große Depot Am Steinberg in der Himmelgeister Straße beziehen, das zu Beginn zwei Wagenhallen besaß, denen später noch eine dritte folgte. Die in diesem Betriebshof untergebrachten Wagen befuhren die Linien 1 Derendorf – Karolingerplatz – Krankenanstalten, 4 Schadowplatz – Zoologischer Garten, 7 Bilker Kirche – Corneliusstraße – Uhlandstraße, 8 Unterbilk – Hauptbahnhof – Zoologischer Garten, 9 Hafen – Hauptbahnhof – Schlachthof und 14 Derendorf – Rath. Bis zum Zweiten Weltkrieg ereignete sich nichts Besonderes in diesem Betriebshof, doch am 3. November 1943 wurde er bei einem Bombenangriff zum Teil zerstört. Der spätere Wiederaufbau machte keine besondere Schwierigkeiten, nur das Verwaltungs- und Wohngebäude, das total zerstört war, wurde 1953/54 neu erbaut. In den drei Hallen liegen insgesamt 17 Gleise, fünf in Halle I, acht in Halle II und vier in Halle III.
Nach Auflösung der Rheinischen Kraftwagen-Betriebsgesellschaft wurden die der Rheinbahn gehörenden Busse im Depot Erkrather Straße untergestellt, doch reichte der Platz mit dem Anwachsen der Omnibusflotte nicht mehr aus. So

Fahrzeugparade mit ATw 5221 an der Spitze, ex Tw 384 aus der Serie 375 – 390, Baujahr 1950 im Einsatz als Rangierwagen im Betriebshof Derendorf, 1970.

wurde ein Teil des Straßenbahnbetriebshofs an der Himmelgeister Straße zu einem Autobusbetriebshof mit Werkstatt umgebaut und 1935 in Betrieb genommen. 1938 kam noch eine weitere Halle zur Aufnahme von Bussen hinzu. Nach Eröffnung des neuen Omnibusbetriebshofs Eintrachtstraße in Oberbilk erhielt die Straßenbahn eine Halle zurück. Mit der Umsiedlung des Busbetriebshofs zum neuen Zentralbetriebshof Lierenfeld ab 1992 wurde auch die 1938 erbaute vierte Halle der Straßenbahn zur Verfügung gestellt. Neben dem Zentralbetriebshof Lierenfeld und der Zentralwerkstätte Heerdt wird der Betriebshof Am Steinberg vorerst erhalten bleiben. Frühestens nach der Umstellung von weiteren Straßenbahnlinien auf Stadtbahnbetrieb und dem Neubau eines Stadtbahnbetriebshofs im Stadtteil Itter ist an eine Schließung gedacht.

Mit dem Bau eines weiteren Betriebshofs, den man zur Vermeidung von Leerfahrten errichtete, begannen die Düsseldorfer Straßenbahnen im ersten Kriegsjahr 1914 in Wersten an der Kölner Straße. Die Fertigstellung des Depots Wersten verzögerte sich infolge des Kriegsausbruchs. Die Anlage wurde erst am 1. Juli 1916 in Betrieb genommen. In der zweischiffigen Halle lagen 14 Gleise. Die Abmessungen betrugen in Halle I 131 m × 27 m und in Halle II 98 m × 26 m. An Halle I schloß sich der Personal- und Werkstatttrakt an. 1916 wurden von hier bedient die Linien 5 Rathaus – Hauptbahnhof – Oberbilk, 6 Rheinbrücke – Rathaus – Eller, 10 Stockum – Corneliusplatz – Oberbilk, 15 Elberfelder Straße – Worringer Platz – Eller und 18 Oberbilk – Holthausen. 34 Großraumtrieb- und 22 Großraumbeiwagen sowie 26 Trieb- und 43 Beiwagen alter Bauart waren im Jahre 1965 in Wersten beheimatet. Im Zuge des Ausbaus der Straßenbahn zur Stadtbahn und der in Höhe des Betriebshofs erforderlichen Rampen für die Stadtbahn wäre die Ein- und Ausfahrt mit Straßenbahnen nicht mehr möglich gewesen. Am 10. April 1992 rückten letztmalig Straßenbahnen aus dem Depot Wersten aus. Die Fahrzeuge und auch das Personal sind nun im Betriebshof Lierenfeld zu Hause.

Wegen Platzmangel konnte der Betriebshof Zentrale Oberkassel nicht erweitert werden, so daß die Rheinbahn 1925 ein Gelände am Handweiser in Heerdt erwarb, um hier einen neuen Betriebshof zu errichten. Mit den Gleisverlegungen in die

alte Halle einer Schrauben- und Nietenfabrik, die behelfsmäßig für diesen Zweck (u.a. unter Verwendung der Deckenkonstruktion der alten Oberkasseler Wagenhalle) hergerichtet wurde, konnte 1929 in Heerdt der Betrieb aufgenommen werden.
In seiner Anlage wich der Betriebshof Heerdt vom üblichen Schema ab. In dem weitläufigen Gelände entstehen u.a. in einer großen Halle der Gleisbauabteilung vorgefertigte Weichenstraßen. Als Abschluß zur Straße wurden drei- und viergeschossige Wohnhäuser gebaut, unter denen sich die Einfahrt befindet. Die eigentliche Wagenhalle war 7200 m^2 groß, hinzu kam die Weichenhalle mit 2600 m^2. Zur Aufstellung der Wagen dienten 13 Gleise, von denen zwölf 120 m und eines 70 m lang waren. Sie boten etwa 130 zweiachsigen Straßenbahnfahrzeugen Platz. Die alte Fabrikhalle, die einen Winter als Behelfswagenhalle gedient hatte, wurde zu Beginn des Zweiten Weltkriegs als Getreidesilo genutzt. Doch 1943 erfolgte die Auslagerung eines Teils der Maschinen aus der Hauptwerkstätte Erkrather Straße hierher, und mit einigen neuen Geräten entstand eine Ausweichwerkstatt. In den Jahren 1946 bis 1950 – der Betriebshof war im Krieg nur wenig beschädigt worden – wurden viele eigene, aber auch Straßenbahnfahrzeuge fremder Unternehmen wiederhergestellt, so aus Bochum, Dortmund, Köln, Mönchengladbach, Moers, Solingen, Rheydt und Wuppertal. In späteren Jahren nahm dieser Betriebshof immer mehr den Charakter einer Ausbesserungswerkstatt an; vor allem schwere Zusammenstoßschäden wurden hier behoben.
Für das bedeutendste Hochbauprojekt in der Nachkriegsgeschichte der Rheinbahn wurde am 12. April 1987 der Grundstein gelegt: die neue zentrale Hauptwerkstatt für Busse und Straßenbahnen in Heerdt. Diese Werkstätte sollte die beiden inmitten der Wohnbebauung liegenden Hauptwerkstätten für Straßenbahnen in der Erkrather Straße und für Busse in der Merowingerstraße ersetzen. Die neue Zentralwerkstatt gliedert sich auf in die vier Bereiche Hauptwerkstatt für Schienenfahrzeuge mit Zentrallager, Hauptwerkstatt für Busse, angegliederte Betriebswerkstatt für Busse und Zentralbau, der gemeinsame Funktionen aufnimmt und daher zwischen den beiden Hauptwerkstätten liegt. In der neuen Anlage sollten alle Instandsetzungsarbeiten durchgeführt werden, die sich nicht im Rahmen des täglichen Durchcheckens auf den einzelnen Betriebshöfen erledigen ließen. Dies galt für 330 Großraumtriebwagen und 430 Busse (1985).
Zusätzlich wurden noch eine kleinere Betriebswerkstatt für Busse, die im linksrheinischen Raum verkehren, sowie eine Lehrwerkstatt für Auszubildende errichtet. Für die Ein- und Ausfahrten der Straßenbahn wie auch für Rangierfahrten im Betriebsgelände entstand ein Stellwerk, von dem aus alle Weichen bedient werden. Diese sind beheizt, um Salzstreuung im Winter zur Vermeidung von Überschlägen und Kriechströmen überflüssig zu machen. Die einzelnen Abteilungen gingen mit zunehmendem Arbeitsfortschritt nach und nach in Betrieb. Im Zuge eines Ringtauschs zwischen der Stadt Düsseldorf, den Daimler-Benz-Werken und des Mannesmann-Röhrenwerks in Lierenfeld wurde auf dem ehemaligen Mannesmann-Werksgelände am 28. August 1989 das Richtfest für den Neubau des Zentralbetriebshofs Lierenfeld gefeiert. Auf dem 184 000 m^2 großen Gelände wurden bis Anfang 1990 24 km Schienen und 97 Weichen verlegt und in den Jahren 1991/92 die Straßenbahnbetriebshöfe Derendorf und Wersten zusammengefaßt.
Östlich des Industriegeländes wurde die Erkrather Straße verbreitert, und die ehemalige Linie 707 (heute U 75) erhielt auf ihr einen eigenen Bahnkörper. Gegenüber der Straße am Karlshof bekam der Betriebshof seinen Gleisanschluß mit doppelten Ein- und Ausfahrten zur Erkrather Straße. Von der Karl-Geusen-Straße (Linie 715 Unterrath – Eller) auf der westlichen Seite des Geländes wurde ebenfalls eine Abzweigung zum Betriebshof eingebaut. Nach der kompletten Fertigstellung (1995) stationierte man auch die Busse aus den Betriebshöfen Am Steinberg und der Eintrachtstraße in Lierenfeld. Damit haben in diesem Zentralbetriebshof 163 Straßenbahnfahrzeuge und 170 Omnibusse eine neue Heimat gefunden.

9. Fahrzeugpark der Rheinbahn

Die nachfolgende Übersicht kann sich auf Grund des umfangreichen Wagenparks der Rheinischen Bahngesellschaft AG und ihrer Vorläufer- bzw. der übernommenen Betriebe nur auf das Wesentliche beschränken.

Städtische Straßenbahn Düsseldorf, 1876 bis 1924

Über die ab 1876 beschafften Pferdebahnwagen liegen technische Angaben nicht mehr vor. Vorgegeben war eine Breite von maximal 2,2 m. Die Wagen hatten zwei Laufachsen, vorne und hinten offene Plattformen, die zum Wagenabteil mit Schiebetüren versehen waren. Auf längsseitig angeordneten Bänken fanden zwölf Fahrgäste einen Sitzplatz, 18 Fahrgäste einen Stehplatz auf den Perrons. In den ersten Pferdebahnjahren existierten die 1. und 2. Klasse; erstere unterschied sich nur durch die losen Sitzpolster auf den Holzbänken von letzterer. An den Endstellen wurden die Polster vom Schaffner in den anderen (hinteren) Wagenteil gebracht. Eine Türe zwischen den beiden Klassen gab es nicht. Da die 1. Klasse wenig benutzt wurde, entfiel sie ab 1892.

Die Wagenkästen der Sommerwagen waren bis auf die Brüstungen an den Stirnseiten rundum offen und verfügten über Quersitze, die von seitlich verlaufenden Trittbettern erreicht werden konnten.

Zur Eröffnung des elektrischen Betriebs 1896 wurden acht Trieb- und 16 Beiwagen mit offenen Plattformen, deren Einstiege sich mit Scherengittern verschließen ließen, beschafft. Die Triebwagen hatten seitlich fünf, die Beiwagen vier Fenster. Für die Linie nach Ratingen kamen wenig später vier weitere Triebwagen mit stärkerer Motorisierung und bereits verglasten Plattformen hinzu. Außerdem verfügten sie über zwei Sitzpätze mehr. Alle Wagen waren dunkelgrün lackiert, und auf einem beigen Band unterhalb der Fenster war die Eigentumsbezeichnung Düsseldorfer Straßenbahn zu lesen. Trieb- wie Beiwagen – letztere ähnelten denen der Pferdebahnwagen – führten außerdem auf den Seiten flächen das Düsseldorfer Stadtwappen. Der Verbleib einer der Triebwagen läßt sich nicht

Ein Wagen der Düsseldorfer Pferdeeisenbahn. Anstelle der Eigentumsbezeichnung ist unter dem Stadtwappen die Fahrgastzahl angegeben: 12 Sitzplätze und 12 Stehplätze.

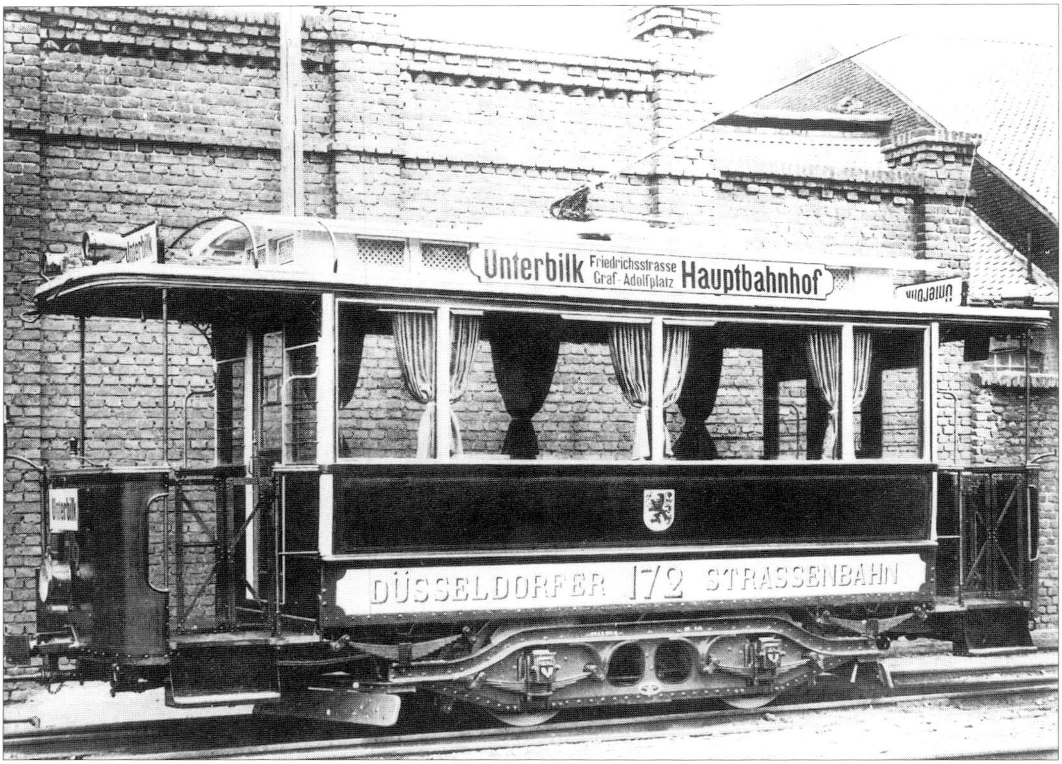

Triebwagen 172 aus der 3. Bauserie 1899 – 1902 im Ursprungszustand mit offenen Plattformen.

Der klassische Düsseldorfer Vorkriegs-Triebwagen aus den Baujahren 1909 – 1910.

Wagen-Nr.	Baujahr	Hersteller mech./motor.	Bauart/ Leistung	Plätze Sitz-/Steh-	Bemerkungen
1–95	1876–1898 (mit Lücken)			12/18	Angaben techn. Art nicht bekannt, Umbau zu Bw, ABw.
78–96	1896 (mit Lücken)	SSW	2 x ZRTw	14/10	u 1906 → Bw 401–410, v → 1922 Aachen, a → 1.
97–100	1896	SSW	2 x ZRTw 2 x 11 kWh	16/10	u → ATw, a → zwanziger Jahre.
101–240	1899–1902	Weyer, SSW Union	2 x ZRTw 2 x 20 kWh	16/10	u → mehrfach, Umnumerierungen, v → ab 1922 Berlin, Rostock, Landsberg/W., Kattowitz, kv → 10, Rest u → Bw + ATw, a → bis 1961
411–420	1909	Weyer	2 x ZRTw 2 x 42 kWh	18/58	kv → 7, Rest u → ATw, a → bis 1958
421–448	1909–1910	Weyer	2 x ZRTw 2 x 43 kWh	18/58	kv → 11, u → ATw (1), a → alle bis 1960
449–495	1911–1912	Weyer	2 x ZRTw 2 x 49 kWh	18/58	kv → 23, Rest a → bis 1960
496–515	1912	Weyer	2 x ZRTw 2 x 50 kWh	18/58	500 u → 1930 Salonwagen, kv → 7, u → ATw (3), Rest a → bis 1962/1966.
516–525, 526–545	1913–1914	Weyer	2 x ZRTw 2 x 50 kWh	18/58	516–525 1942 nach Posen, kv → 9, u → ATw (2), a → alle bis 1962
546–569	1918–1919	Weyer	2 x ZRTw 2 x 50 kWh	18/67	1919–1921 elektrisch ausgerüstet, kv → 9, u → ATw (7), a → alle bis 1967
570–599	1919–1921	Weyer	2 x ZRTw 2 x 50 kWh	18/67	1921 elektrisch ausgerüstet, kv → 11, u → ATw (6), Mus. 583, a → 1970.
901–917	19211924	Weyer	2 x ZRTw 2 x 50 kWh	18/67	kv → 1, u → ATw (5), a → alle bis 1971.
251–333	1899–1902		2 x ZRBw		Angaben techn. Art nicht bekannt, teilweise ex Pferdebahn, ex Sommerwagen, 8 = v → 1924 Schwerin, Rest a → bis 1952
340–350			2 x ZRBw		Angaben techn. Art nicht bekannt, u → 1904 aus Pferdebahnwagen, a → bis 1937.
351–400	1901	Weyer	2 x ZRBw	16/15	v → Rostock und Berlin in den zwanziger Jahren.
401–410	1896		2 x ZRBw	14/10	u → 1904 aus Tw, v → 1922 Aachen.
335	1906	Weyer	2 x ZRBw	32/13	Verwandlungs-Bw, a → 1938
336	1906	Weyer	2 x ZRBw	18/55	Prototyp, kv.
600–669	1911–1915	Weyer	2 x ZRBw	18/55	600–619 1942 nach Warschau abgegeben, kv → 14, a → alle bis 1960.
670–705	1916–1919	Weyer	2 x ZRBw	18/64	kv → 7, a → alle 1960 bis 1964.

mehr ermitteln (1900). Im Jahre 1901 übernahm die städtische Straßenbahn drei Fahrzeuge der Rather Linie, so daß nun zehn Triebwagen der ersten Serie in Betrieb waren. Da die Motorisierung unzureichend war, wurden die ersten sieben Triebwagen 1906 zu Beiwagen umgebaut und 1922 nach Aachen verkauft. Die stärker motorisierten Triebfahrzeuge baute man zu Arbeitstriebwagen um.

Innerhalb des Zeitraums 1899 bis 1902 beschaffte die Düsseldorfer Straßenbahn insgesamt 140 zweiachsige Triebwagen, die über 16 Sitz- und

2xTw 34 der Rheinischen Bahngesellschaft aus dem Baujahr 1902, beschafft für den Einsatz auf Lokallinien.

Aus der Nummernreihe 1 – 16, Baujahre 1899 bis 1902, stammt der 4xTw 1257, der mehrere Umbauten und Umnumerierungen erfuhr. Nach Einrichtung der Linie "B" der Rheinischen Bahngesellschaft zwischen Mererbusch (heute Meerbusch) und Handweiser im Jahre 1925 erhielt diese Linie 1935 die Nr. 30. Station Mererbusch, Oktober 1950.

zehn Stehplätze verfügten und deren Plattformen rundum offen waren. Wenige Jahre später erhielten sie an den Stirnseiten einen Wetterschutz mit Glaseinsätzen. Farblich unterschieden sich diese Fahrzeuge von den ersten Serien durch eine dunkelbraune Lackierung. Auf den Stirndächern befanden sich drehbare Zielschilder, flankiert von runden Lampen, die das Zielschild beleuchteten und je nach Linie ein farbiges Licht zeigten.

Die in den ersten Jahren des elektrischen Straßenbahnbetriebs verfügbaren Beiwagen waren z.T. aus ehemaligen Pferdebahnwagen entstanden, aber auch durch Ankauf von Sommerbeiwagen der Industrie-Ausstellungslinie des Jahres 1902. In eigener Werkstatt baute man aus 22 Pferdebahnwagen elf geschlossene Beiwagen längerer Bauart, und zur Komplettierung des Wagenparks bezogen die Düsseldorfer Straßenbahnen 1901 50 geschlossene Beiwagen, die den 1899 bis 1902 beschafften Triebwagen im Aussehen und in ihren Abmessungen ähnlich waren. 1905 beschaffte die Düsseldorfer Straßenbahn einen Verwandlungsbeiwagen, der sowohl im Sommer als auch im Winter eingesetzt werden konnte. Die Seitenwände waren unterteilt in festmontierte Wandsegmente und verschiebbare Türen, die bei schönem Wetter über die Wandseg-

Die Rheinische Bahngesellschaft setzte auf ihren Lokallinien Triebwagen ähnlich der Bauarten der Düsseldorfer Straßenbahn ein. 2xTw 157, eingesetzt auf der Linie Graf-Adolf-Platz – Lörick, Baujahr 1914 und 1922 umgenummert in 1157, ging 1944 durch Kriegseinwirkung verloren.

mente geschoben wurden und somit diesem Wagen den Charakter eines Sommerwagens verliehen. Dieser Prototyp blieb jedoch ein Einzelstück. Die 1899 bis 1902 beschafften 140 Triebwagen reichten für die inzwischen vorgenommenen Streckenerweiterungen nicht mehr aus; deshalb bezog die Düsseldorfer Straßenbahn 1907 einen Triebwagen, der gegenüber den Ursprungsserien ein gänzlich anderes Aussehen aufwies. Dieser Prototyp hatte vorne einen Einfach- und hinten einen Doppeleinstieg, fünf gleich große Fenster und einen beige-elfenbeinfarbigen Anstrich mit grauen Absetzungen an Zierleisten und Rammbohlen. Entsprechende Hinweisschilder innerhalb und außerhalb des Fahrzeugs bewirkten einen Fahrgastfluß. Den Innenraum erreichte man über die vollkommen geschlossenen und verglasten Plattformen durch eine Doppelschiebetüre. Die Sitze besaßen Korbflechtbezüge, spätere Ausführungen erhielten Lederpolster. Die Stromabnahme erfolgte auch bei diesem Wagentyp über die Trolleystange, in den zwanziger Jahren erhielt er den Lyrabügel. Dieses Einzelstück bewährte sich sehr gut und veranlaßte die Düsseldorfer Straßenbahn dazu, ab 1909 bis zum Beschaffungsjahr 1924 insgesamt 200 Exemplare dieses Typs in Dienst zu stellen. Ein Jahr vor der Indienststellung des neuen Prototyp-Triebwagens,also 1906, erwarb die Düsseldorfer Straßenbahn den Prototyp eines Beiwagens mit ähnlicher Ausstattung. Bei ihm ließen sich die Sitzlehnen der einreihigen Quersitze umlegen, so daß der Fahrgast stets in Fahrtrichtung sitzen konnte. Bis zum Beschaffungsjahr 1919 wurden neben diesem Einzelstück noch weitere 106 Beiwagen dieses Typs in mehr oder weniger ähnlicher Ausführung, jedoch ohne umlegbare Sitzlehnen an die Straßenbahn in Düsseldorf ausgeliefert.

Rheinische Bahngesellschaft, 1896 bis 1924

Linksrheinische Strecken nach Krefeld, Moers und Neuss

Bei der Beschaffung des Wagenmaterials betrat man zur damaligen Zeit Neuland, handelte es sich doch um die erste Überlandbahn in Deutschland, und die deutsche Waggonindustrie hatte noch keine Erfahrung in der Konstruktion schwerer vierachsiger Fahrzeuge, die zudem mit einer Geschwindigkeit von 40 bis 60 km/h fahren sollten. Mit der Herstellung der ersten 14 Triebwagen wurde die Firma Weyer in Düsseldorf beauftragt, die auch noch 15 Beiwagen gleicher Abmessung und Ausrüstung lieferte. Die Fahrzeuge führten die II. und III. Klasse. In den

2xTw 38 der Bergischen Kleinbahn. Bis 1911 waren drei Triebwagen dieser 1899 entstandenen Bauart im Benrather Netz im Einsatz. Diese Wagen waren bis Anfang der dreißiger Jahre zum Teil als ATw im Einsatz, drei gleichartige Tw der BK wurden an die Straßenbahn in Mühlhausen/Unstrut verkauft und trugen dort die nicht in das Mühlhausener Schema passende BK-Nummern 37 – 39.

Triebwagen waren die Sitze in Längsrichtung und in den Beiwagen in Querrichtung in Holz angeordnet. Die II. Klasse im Motorwagen verfügte über eine Einrichtung im damaligen „Salonstil". Bis 1909 wurden die Fahrzeuge über einen in den Wagen installierten Anthrazitofen beheizt, danach über Heizwiderstände. Die Leistung der beiden Fahrmotoren betrug je 40 PS; sie wurde durch mehrere Umbauten, u.a. auf viermotorigen Antrieb, in den Folgejahren noch gesteigert. Zwei weitere vierachsige Triebwagen mit vier Fahrmotoren von je 70 PS wurden 1902 in Dienst gestellt; sie waren in der Lage, in der Ebene mit drei Beiwagen zu fahren.

Für den Lokalverkehr und den Fernverkehr Düsseldorf – Neuss und Düsseldorf – Uerdingen – Moers wurden in den Jahren 1898 bis 1901 zweiachsige Wagen in Betrieb genommen. Die erste Serie umfaßte zehn Trieb- und zwei Beiwagen mit offenen Plattformen, die in späteren Jahren verglast wurden, sowie zwei Sommerbeiwagen. Einer zweiten Serie von vier Triebwagen, ähnlich denen der Düsseldorf-Duisburger Kleinbahn mit je einem Abteil II. und III. Klasse, folgten 1905 noch einmal sechs weitere gleicher Ausführung. Der gesamte Wagenpark wurde 1912 durch Umbau der vorhandenen Fahrzeuge modernisiert und den Verkehrsbedürfnissen angepaßt. So erhielten die Zweiachsfahrzeuge einen verlängerten Perron, ähnlich denen der Düsseldorfer Straßenbahnen, und ein völlig neues Untergestell, das dem der Düsseldorfer Wagen entsprach.

Die 1900 und 1905 beschafften Beiwagen erfuhren ebenfalls einen Umbau: eigenes Fahrgestell, vergrößerte Plattformen und eine andere Fenstereinteilung. Drei Vierachstriebwagen wurden zu Beiwagen umgebaut. Der gesamte Fahrzeugpark, der einen rot-braunen Anstrich besaß, erhielt ab 1912 eine cremefarbene Lackierung.

Auf der im Jahre 1902 abgehaltenen Industrie- und Gewerbeausstellung in Düsseldorf zeigten die Waggonfabriken Weyer und Uerdingen je einen neu entwickelten „Schnellbahnwagen". Bei dem von Weyer ausgestellten Fahrzeug handelte es sich um eine recht fortschrittliche Konstruktion. Die Motorleistung war für eine Höchstgeschwindigkeit von 75 km/h ausgelegt. In der

Ebene sollte es bei geringerer Geschwindigkeit möglich sein, bis zu fünf Beiwagen mitzunehmen. Beide Perrons waren vollkommen verglast und durch Schiebetüren völlig geschlossen. Dieser Wagen wurde aus unbekannten Gründen von der Rheinbahn nicht angekauft, bekannt ist jedoch, daß Drehgestelle und elektrische Ausrüstung von der Rheinbahn übernommen und dafür ein neuer Wagenkasten gebaut wurde.

Der von der Waggonfabrik Uerdingen ausgestellte „Schnellbahnwagen" hatte eine Oberlichtdecke, die nach dem amerikanischen Pullmansystem zu den Plattformen hin durchgezogen war. An Stelle der bisher üblichen Fensterrahmen aus Holz wurden solche aus Messing verwendet, die mit Gegengewichten versehen waren und somit eine leichtes Bewegen und Feststellen ermöglichten. Dieser Wagen wurde erst 1906 von der Rheinbahn übernommen und erhielt die vakante Nummer 6, später die Nummer 1253. Wegen Abweichungen vom übrigen Wagenpark wurde er 1932 aus dem Bestand genommen und verschrottet.

In den Jahren 1911/12 stellte die Rheinbahn je zehn zweiachsige Trieb- und Beiwagen in Dienst, die äußerlich und in ihren Abmessungen den Fahrzeugen der Düsseldorfer Straßenbahn, Serie 500, ähnelten; die Beiwagen waren allerdings geringfügig kleiner als die Triebwagen. Ebenfalls 1912 wurden sechs vierachsige Triebwagen mit Mitteleinstieg in Betrieb genommen. Sie waren verhältnismäßig schwer, der Wagenboden lag mit 1,20 m sehr hoch. In gleicher Größenordnung wurden noch fünf Beiwagen in Dienst gestellt. Noch einmal, 1925, erfolgte eine Fahrzeuglieferung für die linksrheinischen Rheinbahnstrecken; sie umfaßte drei vierachsige Triebwagen mit geringen Abweichungen in der

Wagen-Nr.	Baujahr	Hersteller mech./motor.	Bauart/ Leistung	Plätze Sitz-/Steh-	Bemerkungen
1–16	1899–1902	Weyer, S&H	4 x ZRTw 2 x 30 kWh	34/22	u → viermot. Antrieb, u → 2 Tw → Bw, kv → 4, a → alle bis 1955.
21–30	1898–1901	Weyer, S&H	2 x ZRTw 2 x 15 kWh	16/12	v → 1915 Türkei ?, Rest ungeklärt.
31–37	1901–1902	Weyer, SSW Uerd., UEG	2 x ZRTw 2 x 18 kWh	20/12	35,36 → II. u. III. Klasse, v → Düren ?, a → 1926.
6	1902	Uerd., SSW	4 x ZRTw 4 x 55 kWh	38/22	Ausstellungswagen 1906, a → 1932
100–110	1905–1908	Weyer, AEG	2 x ZRTw 2 x 44 kWh	20/12	101–103 → II. u. III. Kl., u → 4 Tw in Meterspur, Rest Kriegsschaden und Umbau in ATw, a → alle bis 1960.
200–205	1912	Uerd., BBC	4 x ZrTw 4 x 63 kWh	40/40	Mitteleinstiegswagen, kv → 1, a → 2 n. Unfall, a → Rest bis 1959/1960
120–126	1913	Weyer	2 x ZRTw 2 x 48 kWh	20/39	kv → 3, u → ATw (4), a → bis 1960.
150–158	1913–1914	Uerd.	2 x ZRTw 2 x 48 kWh	18/39	kv → 4, u → ATw (4), a → bis 1965.
4, 6, 14–20, 41–46	1898–1902	Weyer	4 x ZRBw	36/13	u → 2Tw → Bw, 1902, kv → 3, a → 1930–1952.
51–67, 81	1898–1907		2 x ZRBw	16/14, 24/12	teilweise Sommerwagen u → 6 in Meterspur 1933, a → 1959
221–225	1912	Uerd.	4 x ZRBw	40/68	kv → 2, v → 2 n. Duisburg, a → Rest 1959.
175–199	1914–1918	Weyer	2 x ZRBw	18/55	kv → 5, v → 6 Rostock, u → ABw (2), a → Rest bis 1960.

Bauart von 1912, aber mit neuentwickelten Untergestellen und acht vierachsige Stahlbeiwagen, von denen zwei als Speisewagen ausgerüstet waren. Zwischenzeitlich, 1914, stellte die Rheinbahn noch einmal acht zweiachsige Triebwagen der Düsseldorfer Bauart, deren Fensteranordnung leicht verändert war, in Dienst.

Benrather Meterspurnetz

Die Bergischen Kleinbahnen setzten im Jahre 1898 17 Zweiachstriebwagen aus ihrem niederbergischen Netz ein, denen 1899 sechs neue Vierachser, 1906 zwei weitere Vierachser und 1907 noch einmal zwei Zweiachstriebwagen folgten. An Beiwagen waren ab 1902 17 zweiachsige und zwei vierachsige Fahrzeuge der Dampfbahn Hösel – Heiligenhaus in Benrath beheimatet. Die Wagen der Bergischen Kleinbahn hatten an ihren eckigen Stirnfronten von Beginn an einen verglasten Wetterschutz. Die Stromabnahme erfolgte nach dem Trolleysystem. Seitlich über dem Fahrgestell des dunkelgrün lackierten Wagenkastens war als Eigentumsbezeichnung Bergische Kleinbahn zu lesen.

Mit Übernahme des Benrather Netzes und dessen Verpachtung an die Rheinische Bahngesellschaft im September 1911 übernahm letztere 27 Trieb- und 18 Beiwagen und beschaffte 1913/14 zur Ergänzung bzw. Erneuerung sieben neue zweiachsige Triebwagen. Alle Fahrzeuge wurden einheitlich beigefarben lackiert und erhielten die Eigentumsbezeichnung Rheinische Bahngesellschaft.

In den zwanziger Jahren wurden zwei Vierachstriebwagen zu Gütertriebwagen umgebaut, die man nach Aufgabe des Stückgutverkehrs nach Iserlohn und Mainz verkaufte. Die restlichen vierachsigen Triebwagen besorgten, mit einem kleinen Beiwagen behängt, den Verkehr nach Vohwinkel, die zweiachsigen Fahrzeuge den zwischen Benrath und Ohligs. Zur Behebung des Wagenmangels spurte die Rheinbahn 1932/33 fünf Normalspurtriebwagen aus dem früheren linksrheinischen Netz um und bestellte 1934 bei der Düsseldorfer Waggonfabrik 14 vierachsige Triebwagen, die 1935 und 1936 ausgeliefert wurden. Die Wagen waren mit Stahlblechen verkleidet, besaßen Doppelschiebetüren und waren mit vier Motoren ausgerüstet, die ihnen eine hohe Zugkraft verliehen. Die Drehgestelle waren so ausgelegt, daß sie auf Normalspur umgerüstet werden konnten. Hatten die ersten dieser Fahrzeuge noch Rollenstromabnehmer, so besaßen die folgenden bereits Scherenstromabnehmer sowie automatische Kupplungen und separate Stromanschlüsse. Die noch in Dienst stehenden Altbaufahrzeuge erfuhren alle eine Umrüstung auf automatische Kupplung und Scherenstromabnehmer. Ebenfalls 1934/35 wurden noch 13 Beiwagen des ehemaligen linksrheinischen Netzes umgespurt und im Betriebshof Benrath beheimatet. Mit Einstellung der Linie V nach Vohwinkel im Mai 1961 wurden alle Altbaufahrzeuge und die 1914 beschafften Zweiachstriebwagen verschrottet. Die in den dreißiger Jahren umgespurten Beiwagen (1081 bis 1093) aus zwei verschiedenen Serien wurden mit der Umspurung der Beiwagen 831 bis 837 in den fünfziger Jahren verschrottet. Letztere erhielten ihre Regelspurradsätze wieder und verkehrten fortan im Düsseldorfer Stadtnetz. Von den 14 im Jahre 1934 bestellten vierachsigen Triebwagen waren noch zehn vorhanden, die jedoch trotz ihrer Normalspurdrehgestelle nicht umgespurt, sondern verkauft wurden. Fünf Fahrzeuge erhielt Aachen; die restlichen fünf kaufte das österreichische Bahnunternehmen Stern & Hafferl auf.

Rheinische Bahngesellschaft, ab 1925

Die Rheinische Bahngesellschaft setzte angesichts eines einheitlichen Wagenparks auf die Weiterentwicklung des seit 1909 gebauten Standardtyps, der sich durch ein geräumiges Inneres, doppelbreite Türen, hohen Fahrkomfort und große Robustheit auszeichnete. Trieb- und Beiwagen waren im Aufbau identisch. Im Vergleich zu dem seit 1909 gebauten Fünffenstertyp wiesen die ab 1928 erworbenen Exemplare sechs Fenster auf und waren auch etwa 1,3 m länger als ihre Vorgänger. Hierdurch und durch Einfügung von Eckbänken an den Wagenenden ver-

Wagen-Nr.	Baujahr	Hersteller mech./motor.	Bauart/ Leistung	Plätze Sitz-/Steh-	Bemerkungen
18–27	1899	Busch, SSW	2 × ZRTw 2 × 18 kWh	16/20	1911 von Berg. Kleinbahn übern. a → bis 1935
33, 34, 36, 41, 42, 45, 46	1899	Busch, SSW	2 × ZRTw 2 × 18 kWh	18/20	1911 von Berg. Kleinbahn übern. a → 1913–1930.
101–106	1899		4 × ZRTw 2 × 29,4 kWh	50	1911 von Berg. Kleinbahn übern. a → bis 1935.
108–109	1906	MAN, MAN	4 × ZRTw 2 × kWh	27/24	1911 von Berg. Kleinbahn übern. 1925 u → ATw, 1930 v → Iserlohn, Mainz
78–79	1907	MAN	2 × ZRTw 2 × kWh	21/18	1911 von Berg. Kleinbahn übern. a → nach 1922.
153–164, 180, 182, 199, 200	1899 1900 1907		2 × ZRBw		1911 von Berg. Kleinbahn übern. a → bis 1937.
106–119	1935–1936	DUEWAG, SSW	4 × ZRTw 4 × 50 kWh	32/50	kv → 3, v → Aachen 5, St. & H. 5, ausgebrannt 1

größerte sich das Sitzplatzangebot im Inneren um sechs Plätze. Ebenfalls 1928 stellte die Rheinbahn AG vier Triebwagen mit Zugsteuerung in Dienst, die sich jedoch im starken innerstädtischen Verkehr nicht bewährten. Jeweils zwei Fahrzeuge, die Mitteleinstiege besaßen, waren fest gekuppelt und hatten zusammen zwei Motoren und zwei Fahrschalter. Aus einem dieser Züge entstanden 1932 zwei Beiwagen; die hierdurch freigewordenen Motoren und Fahrschalter erhielt der zweite Zug, aus dem so zwei zweimotorige Einzeltriebwagen entstanden.

Im Jahre 1935 baute die Waggonfabrik Schöndorf (später DUEWAG) den Prototypen eines modernen „Tiefflurwagens", dem 1936 ein weiteres, noch moderneres Fahrzeug folgte. Beide Wagen wiesen eine niedrige Einstiegshöhe sowie einen stufenlosen Wagenboden mit seitlich heruntergezogenen Schürzen auf. Große gekuppelte Schiebetüren (beim 1936er-Wagen elektrisch) verschlossen beidseitig die Plattformen. Im Inneren befanden sich dreireihige Abteilquersitze. Im Nummernschema der Rheinbahn AG erhielten diese Fahrzeuge die Zahlen ihrer Baujahre, 1935 und 1936. Nach Beendigung des Zweiten Weltkriegs diente Wagen 1935 der britischen Militärregierung, später war er dann Einsatzwagen während der Hauptverkehrszeit. Wagen 1936 wurde nach einem Unfall schwer beschädigt abgestellt und bei der Bombardierung des Betriebshofs Derendorf vollig zerstört.

Die mit den Triebwagen 1935 und 1936 gewonnenen Erfahrungen führten zu Entwicklung und Bau eines Niederflurfahrzeuges, „Düsseldorfer Wagen" genannt, von dem ab 1937 bis 1943 62 Trieb- und 40 bauartgleiche Beiwagen beschafft wurden. Auch andere Verkehrsbetriebe, wie Bielefeld, Braunschweig, Ennepe, Neuss und Recklinghausen, setzten diesen Wagentyp in ihren Netzen ein.

Der Fahrzeugpark der Kreis Mettmanner Straßenbahn bestand aus 27 zweiachsigen Trieb- und zehn Beiwagen, die im Netz der Stadt Düsseldorf nur bedingt einsetzbar waren. Die Betriebsspannung im Mettmanner Netz war höher als in der Stadt und die Motorenübersetzung auf die bergigen Streckenverhältnisse zugeschnitten. Von den Triebwagen der Bauserie 1909 wurden sieben nach Graz und fünf nach Neunkirchen/Saar abgegeben. Zwei Fahrzeuge der Bauserie 1924 mußten 1941 nach Strausberg gegeben werden (von denen 1995 noch einer vorhanden war), und vier weitere Wagen gingen wiederum nach Graz. Bei der Rheinbahn verblieben die Triebwagen 1 bis 4, 6 und 8 bis 10; 4 und 10 (1940 in 7 umgezeichnet) gelangten nach dem Krieg

vorübergend leihweise nach Kleve, die restlichen verblieben bis 1952 im Mettmanner Netz, und dann begann ihr Einsatz auf dem Düsseldorfer Stadtnetz. Die Beiwagen gelangten während des Kriegs 1940/42 nach Berlin, einer nach Posen. Nach der Indienststellung der ersten Großraumwagen ab 1951 wurden die Mettmanner Triebwagen als Arbeits- und Rangier-/ Schleppwagen verwendet.
1938 übernahm die Rheinische Bahngesellschaft von der Düsseldorf-Duisburger Kleinbahn sechs Vierachstriebwagen des Baujahrs 1926, von denen ein Fahrzeug durch Bombentreffer im Zweiten Weltkrieg zerstört wurde. 1963 veräußerte die Duisburger Verkehrs AG einen der ihr gehörenden Wagen des gleichen Typs an die Rheinbahn AG, womit die Lücke im Park der vierachsigen Triebwagen für den Fernverkehr geschlossen war. Nach Beendigung des Zweiten Weltkriegs war der Fahrzeugbestand der Rheinbahn AG durch Totalverluste und Beschädigungen erheblich dezimiert. Trotz außerordentlichen Bemühungen, die beschädigten Wagen durch Reparaturen einsetzbar zu machen, reichte dieses Unterfangen nicht aus, einen befriedigenden Straßenbahnverkehr abzuwickeln. Als sich verschiedene kleinere Verkehrsbetriebe anschickten, nach dem Krieg ihren Betrieb mit schienenfreien Verkehrsmitteln durchzuführen, bot sich der Rheinbahn die Möglichkeit, ihren Wagenpark durch Ankauf freiwerdender Fahrzeuge aufzufüllen. Als erste kamen 1952 zwei Kriegsstraßenbahnwagen (KSW) der Straßenbahn Siegen nach Düsseldorf, denen später acht KSW-Trieb- und zwei KSW-Beiwagen leihweise folgten, die jedoch bald käuflich erworben werden konnten.
Bis zum Jahr 1959 wurde dann der gesamte Fahrzeugpark der Siegener Kreisbahn übernommen. 1954 übernahm die Rheinbahn AG auch noch von der Straßenbahn Gummersbach vier alte

2xTw 924 im Jahre 1925 von Schöndorff geliefert, stellt den fünffenstrigen Tw dar, wie er für Düsseldorf typisch war. Er besaß eine Länge von 9,47 m und ein Breite von 2,35 m und bot 18 Fahrgästen einen Sitzplatz. Dieser Triebwagen befindet sich noch 1997 als ATw 5111 (Schneekehre) im Bestand der Rheinbahn.

Zwillings-Tw 243/244, Baujahr 1928, fest gekuppelte Triebwagen mit je einem Motor. Diese Wagen bewährten sich auf Grund der schwachen Motorisierung nicht sonderlich. 1932 erhielten sie je einen weiteren Motor von den ebenfalls fest gekuppelten Tw 241/242, welche zu Beiwagen umgerüstet wurden.

zweiachsige Trieb- und zwei alte zweiachsige Beiwagen.

Ab 1950 lieferte die DUEWAG die ersten zehn zweiachsigen Trieb- und neun Beiwagen des Aufbau-Verbandstyps an die Rheinbahn AG, bei denen Fahrgestelle ausgebrannter Niederflurwagen Verwendung fanden. Eine zweite Serie dieses Wagentyps von 20 Neubau-Trieb- und 65 Neubau-Beiwagen folgte 1951.

Im Mai 1951 begann in Düsseldorf das Großraumwagen-Zeitalter. Die DUEWAG lieferte der Rheinbahn AG je einen vierachsigen Trieb- und Beiwagen, die für Einrichtungsverkehr ausgerüstet waren. Der Triebwagen besaß drei Doppelfalttüren, Kardanantrieb, vierreihige Quersitze sowie anfänglich einen grünen Anstrich. Der Beiwagen war bis auf die Motorisierung in der Ausstattung identisch mit dem Triebwagen. Dank getrennter Ein- und Ausstiege entfielen die Schwierigkeiten für die Fahrgäste beim Zustieg und beim Verlassen der Fahrzeuge. Die elektrisch gesteuerten Türen wurden vom Schaffnerplatz aus bedient. 1952 folgten zwei ähnliche Triebwagen, nunmehr mit dreireihigen Quersitzen ausgerüstet und in einem für Düsseldorf typischen cremefarbenen Anstrich. 15 Großraumbeiwagen mit einer anderen Türanordnung konnten bereits 1951 und 1952 in Dienst gestellt werden, für die jedoch die passenden Triebwagen fehlten. Nach entsprechender Umrüstung wurden sie in Niederflurzügen mitgeführt. 1953 bis 1954 erfolgte dann die Lieferung von 30 Großraumtriebwagen. Der Prototyp von 1951 wie auch die beiden Triebwagen von 1952 erfuhren 1960 einen Umbau zu Großraumbeiwagen; 1967 rüstete man weitere zehn Triebwagen aus der Lieferung 1953/54 zu Beiwagen um.

Vor Beginn des Zweiten Weltkriegs hatte die Rheinbahn AG Drehgestelle für neue Fernbahnzüge der Linie K nach Krefeld erhalten, mit denen eine höhere Fahrgeschwindigkeit eingeführt werden sollte. Diese Drehgestelle wurden 1953 zum Bau von dreiteiligen Überlandzügen, die maximal 450 Fahrgäste befördern sollten, verwendet. Acht Zweirichtungstriebwagen (in Krefeld waren keine Schleifen zum Wenden vorhanden) und vier Großraumbeiwagen, davon

Wagen-Nr.	Baujahr	Hersteller mech./motor.	Bauart/ Leistung	Plätze Sitz-/Steh-	Bemerkungen
1011–1013	1925	Weyer	4 × ZRTw 4 × kWh	40/40	1930 → 1007–1009, kv → alle.
1069–1072	1924–1925	Schönd.	4 × ZRBw	32/10	Speisewagen, kv → 1, Brandsch. → 1, 1962/1963 u → Bw, a → 1965
1073–1080	1924–1925	Schönd.	4 × ZRBw	40/19	kv → 1, Rest a → 1961/1965.
918–927	1925	Schönd.	2 × ZRTw 2 × 50 kWh	18/?	kv → 2, u → ATw (1) a → Rest bis 1965.
928–947, 948–977	1927–1929 1927–1929	Weyer Schönd., SSW	2 × ZRTw 2 × 37/50 kWh	26/?	kv → 17, u → 2 zu Saugwagen, Mus. 954, Mus. USA 1, a → Rest bis 1969.
243/244	1928	Westw., AEG	2 × ZRTw 1 × 44 kWh	26/38	festgekuppelte Tw, u → 1932 = 2 Motore, a → 1969 (1).
706–810	1922–1925	Weyer	2 × ZRBw	18/46	kv → 23, Mus. 797, a → alle bis 1968.
811–830	1926	Weyer	2 × ZRBw	18/46	kv → 1, a → alle 1961, 1965 u. 1968.
831–890	1927–1929	Schönd.	2 × ZRBw	26/46	kv → 8, u → Meterspur 9 Mus. 858, a → alle bis 1969.
241/242	1928	Schönd.	2 × ZRBw	30/18	u → 1932 aus festgekuppelten Tw, kv → 1944.
1935	1935	DUEWAG, AEG	2 × ZRTw 2 × kWh	22/42	Prototyp Niederflurwagen, 1966 verschrottet.
1936	1936	DUEWAG, SSW	2 × ZRTw 2 × 52 kWh	22/42	Prototyp Niederflurwagen, Kriegsverlust.
250–296, 350–364	1937–1943	DUEWAG, AEG/SSW	2 × ZRTw 2 × 65/75 kWh	22/66	Serie Niederflurwagen, kv → 10, Museum 267, Mus → Wehmingen 257, a → alle bis 1974.
300–339	1937–1943	DUEWAG	2 × ZRBw	22/76	Serie Niederflurwagen, kv → 9, Mus 316, a → alle bis 1974.
1-5, 7, 9,	1909	Weyer, AEG Uerd.	2 × ZRTw 2 × 46,7 kWh	20/12	1937 von Mettm.Straßenb. übern., v → Graz und Neunkirchen/Saar.
11, 12,	1924	Uerd., AEG	2 × ZRTw 2 × 50 kWh	26/34	1937 von Mettm.Straßenb. übern., v → Graz 4, Strausberg 2, u → teilw. 5 ATw, a → alle bis 1962
30–35	1910	Weyer	2 × ZRBw	18/21	1937 von Mettm.Straßenb. übern., v → Berlin 2, a → alle bis 1960
36–39	1924	Schönd.	2 × ZRBw	26/37	1937 von Mettm.Straßenb. übern., alle v → Berlin.
17–21, 20	1926	Weyer, SSW	4 × ZRTw 2(4) × 60 kWh	40/71	1938 von Düsseld.-Duisb.-Kleinb. übern., 20 → kv 1963 von Duisb. 14 übern. → 20, alle a → 1967
56, 57 59–62	1926	Schönd.	4 × ZRBw	40/86	56–57 1938 von Duisburg übern., 59–62 von Düsseld.-Duisb.-Kleinb. übern. kv → 2, a → alle 1967

zwei Speisewagen, dienten zur Bildung von vier Zügen der Reihung Tw-Bw-Tw. Bei den Speisewagen befand sich die Küche im Mittelperron des Wagens.

Diese Züge besaßen anfangs einen olivgrünen Anstrich und erhielten später eine cremefarbige „Düsseldorfer“ Lackierung. Die geforderte Höchstgeschwindigkeit von 90 km/h wurde mühelos erreicht und gelegentlich auch überschritten.

Dem Standardtyp der vierachsigen Großraum-Tw folgten 1955/56 15 ähnliche Fahrzeuge, die jedoch als allein fahrende Einrichtungs-Tw mit hoher Beschleunigung und kurzen Abfertigungszeiten einen Fünf-Minuten-Takt auf schwächer frequentierten Linien ermöglichen sollten. Da sie

In den Jahren 1927 – 1929 lieferte die Firma Schöndorff 50 Exemplare eines gegenüber früheren Beschaffungszeiträumen größeren 2xTw, der nun sechs Fenster und eine Länge von 10,70 m aufwies, wobei dies der Anzahl der Sitzplätze (26) zugute kam. Dieser Triebwagen befindet sich noch heute im Museumsbestand der Rheinbahn

ohne Beiwagen verkehrten, hatten sie nur Hilfskupplungsanschlüsse und nur einen Motor im vorderen, zu mehr als 60% belasteten Drehgestell. Durch den immer stärker werdenden Individualverkehr konnte der Fünf-Minuten-Takt auf Dauer nicht eingehalten werden, der erhoffte Nutzen ging verloren. Nachdem diese Fahrzeuge noch eine kurze Zeit zur Verstärkung während der HVZ gedient hatten, erfolgte 1959 ihre Umrüstung zu Beiwagen, die dringend zur Verstärkung für die inzwischen gelieferten Großraumgelenkzüge benötigt wurden.

Eine Parallele zum einmotorigen alleinfahrenden Vierachser stellte 1956 der alleinfahrende Sechsachser-Gelenktriebwagen dar. Mit seinem größeren Fassungsvermögen sollte er die höheren Lohn- und Wartungskosten der Vierachser auffangen. Doch die Platzzahl war immer noch zu gering, und die ungleichmäßige Besetzung der aufeinander folgenden Wagen führte stets zu Verspätungen. Zwischen 1956 und 1965 beschaffte die Rheinbahn zur Standardausrüstung ihres Fahrzeugparks insgesamt 96 sechsachsige Gelenkwagen, die fortan mit vierachsigen Beiwagen behängt wurden. 29 ehemalige Vierachstriebwagen rüstete man von 1955 bis 1968 zu Beiwagen um, die so durch die Einsparung von Triebwagenfahrern zur Rationalisierung des Fahrbetriebs beitrugen. Von 1960 bis 1961 kamen weitere 68 Neubau-Sechsachser hinzu;sie befanden sich noch 1995 fast vollständig im Bestand der Rheinbahn AG.

Ebenfalls aus Rationalisierungsgründen ließ die Rheinbahn ab 1963 die Großraumvierachser der Fernlinie K nach Krefeld zu achtachsigen Gelenkwagen umbauen, die während der HVZ mit einem schaffnerlosen vierachsigen Großraumbeiwagen gekuppelt wurden. Die so geschaffenen 46 m langen Zweiwagenzüge boten 373 Fahrgästen Platz, erforderten an Personal aber nur den Fahrer und einen statt zwei Schaffnern. Da alle Drehgestelle motorisiert waren und

Dieser vierachsige Triebwagen Nr. 19 aus dem Baujahr 1926 gelangte 1938 von der Düsseldorf-Duisburger Kleinbahn in den Park der Rheinbahn und versah weiterhin ihren Dienst auf ihrer Stammstrecke. Nach der Beschaffung moderner DÜWAG-Achtachser erfolgte die Umsetzung zur Linie K. Graf-Adolf-Platz, 1958.

2x-Prototyp-Tw 1935, behängt mit einem 2x-KSW-Beiwagen (ex Gießen) der Reihe 332 - 333 wartet im Januar 1956 in der Schleife Nordfriedhof auf den Einsatz in Richtung Hauptbahnhof. Im Jahre 1963 wurde dieser Niederflurprototyp aus dem Dienst genommen, um dann 1966 verschrottet zu werden.

2xTw 12 ex Gummersbach 6 wurde 1954 von der Gummersbacher Kleinbahn übernommen und ist im April 1954 als E-Linie Marienhospital – Flughafenstraße im Einsatz. Im Jahre 1956 erfolgte die Umrüstung zum ATw und 1960 die Ausmusterung.

In der heute nicht mehr existierenden Gleisschleife an der Nordseite der Unterrather Straße wartet 2x-Niederflur-Tw 280 aus dem Baujahr 1941 mit zwei 2xBw als E-Wagen der SL 7E auf die Rückfahrt zum Hauptbahnhof. Nach fast dreißigjährigem Dienst erfolgte 1970 die Ausmusterung dieses Tw (1965).

es damals wie heute nicht möglich ist, auf den motorisierten Drehgestellen Gelenkträger aufzumontieren, wurde ein schwebendes Mittelteil eingebaut.
Die schaffnerlosen Beiwagen waren für Fahrgäste mit Sichtkarten reserviert, der Speisewagenbetrieb entfiel zum gleichen Zeitpunkt, da sich kein Pächter mehr fand. Fortan trugen die achtachsigen Gelenktriebwagen mit angehängtem Großraumbeiwagen die Hauptlast auf der Linie nach Krefeld, wobei sie in den Spitzenverkehrszeiten durch Dreiwagen-Niederflurzüge unterstützt wurden. Auf Dauer sollten diese jedoch durch Großraumzüge ersetzt werden, und so bestellte die Rheinbahn AG fünf achtachsige Doppelgelenk-Zweirichtungstriebwagen und drei vierachsige Zweirichtungsbeiwagen, die 1966 in Dienst gestellt wurden.
Mit diesen neuen Fahrzeugen wurden Züge in Betrieb genommen, die als erste Wagen der Rheinbahn AG mit Zugbahnfunk ausgerüstet waren.
Im Jahre 1957 stellte die Firma DUEWAG den ersten achtachsigen Einrichtungs-Gelenktriebwagen mit der Nummer 2310 in Düsseldorf vor, den sie auf eigene Kosten und eigenes Risiko aus einem der Rheinbahn gehörenden sechsachsigen Gelenkwagen durch Hinzufügung eines neuentwickelten Mittelteils erstellt hatte. Dieses Mittelteil wurde später von der Rheinbahn angekauft. Die technische und elektrische Ausrüstung des Achtachsers unterschied sich nicht von der eines sechsachsigen Gelenkwagens. Mit einem vierachsigen Großraumbeiwagen behängt, entstand der großräumigste Straßenbahnzug Deutschlands, der sich so gut bewährte, daß bis 1969 insgesamt 48 Triebwagen dieser Bauart in Dienst gestellt wurden.
Für die Fernlinie D nach Duisburg beschaffte Düsseldorf 1960/61 drei achtachsige Gelenkwagen, die gegenüber den Fahrzeugen des Stadtbetriebs einige Sondereinrichtungen aufwiesen. So erhielten sie einen größeren Sitzplatzanteil, Fenstertische, Fenstervorhänge, Gepäckablagen und ein Speiseabteil in der Fahrzeugmitte. Diese Abteile wurden jedoch 1976/77 nach der Inbetriebnahme der GT8S-Fahrzeuge mit Speiseabteil ausgebaut, und die Fahrzeuge verkehrten nun im Stadtliniennetz.
1974 entstanden weitere 35 achtachsige Gelenkwagen durch Umbau sechachsiger Fahrzeuge der Baujahre 1961 bis 1965, die sich nicht wesentlich von den bis 1969 gelieferten Achtachsern unterschieden. Mit Einstellung der Neusser Straßenbahn übernahm die Rheinbahn AG deren Fahrzeugpark, worin sich auch sechs Sechsachser ähnlich der Düsseldorfer Bauart befanden. Drei davon waren Einrichtungswagen, die zu achtachsigen Fahrzeugen umgebaut wurden, drei weitere Zweirichtungswagen wurden später zu Einrichtungsfahrzeugen umgerüstet.
Am 29. August 1973 stellte die Rheinbahn ihren ersten Zweirichtungs-Stadtbahnwagen Tw 3001 des Typs GT8S vor. Insgesamt 50 Fahrzeuge konnten in der Beschaffungszeit 1973 bis 1975 an die Rheinbahn AG ausgeliefert werden. Sie verkehrten zuerst auf der Fernlinie K nach Krefeld. 1975 folgten noch einmal 19 dieser Fahrzeuge. Für den Einsatz auf der Fernlinie nach Duisburg erhielten vier Fahrzeuge ein Speiseabteil, das mit der Indienststellung der Stadtbahnfahrzeuge B80 ab 1988 wieder entfernt wurde.
Von diesen 69 Wagen erhielten 40 von 1981 bis 1984 eine Umrüstung für den Tunnelbetrieb. Diese Stadtbahnfahrzeuge bekamen die Typenbezeichnung GT8SU. Ausgerüstet wurden sie mit einer asymmetrischen Stirnfront, einer Klappstufeneinrichtung an den Türen und neuen Fahrgestellen, die die Wagen um 120 mm anhoben und sie so auf eine Fußbodenhöhe von 1000 mm brachten, was der Höhe der Bahnsteige in den Tunnels entspricht.
Die sechsachsigen Stadtbahnwagen B80 und B100 (80 und 100 stehen für 80 bzw. 100 km/h Höchstgeschwindigkeit), für den Stadtbahnbetrieb mit mittelhohen und hohen Bahnsteigen bestimmt, können – mit Klapptrittstufen ausgerüstet – auch auf normalen Straßenbahnstrecken verkehren. Die Prototypen dieser Bauart kamen bereits 1973 nach Bonn und Köln und bewährten sich so, daß dieser Stadtbahnwagen, der nur in normalspuriger Ausführung geliefert wird, zum Einheitstyp für den „reinrassigen" Stadtbahnverkehr im Rhein-Ruhr-Raum wurde.

Der Prototyp des 4xTw 2001, ex 22, Baujahr 1951 in grüner Farbgebung im Einsatz auf der SL 11, Kaiserswerth – Hauptbahnhof im Jahre 1954 in der Fischerstraße.

Für die Bildung von Großraumzügen aus 4xTw und 4xBw standen 1952 noch nicht ausreichend Großraum-Triebwagen zur Verfügung. So kam es zur Bildung von 2xTw-4xBw-Zügen, wie hier Aufbau-Tw 382 aus dem Baujahr 1950 mit 4xBw 1605 im Juni 1952 in der provisorischen Schleife an der nicht mehr existierenden Kunsthalle. Hier befindet sich heute die Kunstsammlung des Landes NRW.

An der Endstelle der Fernlinie K in Krefeld wartet 8xGITw 1268 aus der Bauserie 1265 – 1269, Baujahr 1966 mit einem 4xBw im März 1973 auf die Rückfahrt nach Düsseldorf. Im Hintergrund rechts im Bild ein Zug der meterspurigen Krefelder Straßenbahn.

Er ist tunnelgängig, und Betrieb mit seitlicher Stromschiene ist möglich. Die Rheinbahn AG erwarb erstmalig 1981 zwölf Fahrzeuge der Bauart B80 und erhielt von 1985 bis 1988 noch einmal 73 gleichartige Fahrzeuge, die auf den bis heute entstandenen Stadtbahnstrecken in Düsseldorf gemeinsam mit der Bauart GT8SU Dienst versehen. Vier B80-Wagen erhielten ein Bistroabteil; sie sind seit April 1989 auf der Fernstrecke nach Krefeld eingesetzt. (Auf der Fernstrecke nach Duisburg wird der Speisewagenbetrieb mit Fahrzeugen der Duisburger Verkehrs AG durchgeführt.)

Die ersten zwölf Stadtbahnwagen B80 entstanden in Stahlausführung, alle weiteren in Aluminiumbauweise. Letztere gleichen weitgehend der ersten Serie, doch weisen sie einen bequemeren Zustieg durch vier anstatt nur drei Klapptrittstufen und eine bessere Inneneinrichtung auf, darunter zwei gesondert gestaltete Behindertensitzplätze. Durch die Aluminiumbauweise sank das Leergewicht um 5 t auf 38,4 t.

Am 19. April 1991 fand im Betriebshof Heerdt die Präsentation des neuartigen VÖV-Niederflur-Straßenbahnwagens statt, mit dessen Einführung man eine Renaissance der Straßenbahn erwartete. Es handelte sich um einen Gelenktriebwagen in Stahlleichtbauweise mit drei Fahrwerken als Einrichtungswagen mit 59 Sitz- und 59 Stehplätzen und der Kurzbezeichnung 3xGTw-ER, der in Düsseldorf erprobt wurde. An den Rädern der zwei angetriebenen Fahrwerke betrug die Motorleistung je 60 kWh, die maximale Betriebs-(Höchst-)Geschwindigkeit war auf 70 (80) km/h festgelegt. Die Einstiegs-(Fußboden-)Höhe betrug 290(350) mm über Schienenoberkante. Dieser Niederflur-Prototyp erfüllte nicht die Erwartungen, die in ihn gesetzt worden waren, gab jedoch Anregungen für ein modifiziertes Baumuster, von dem der Aufsichtsrat der Rheinbahn am 15. April 1994 zehn Exemplare bestellte und sich eine Option auf weitere 128 Exemplaren offenhielt. Die Auftragsvergabe ging an die Bieter-

Anläßlich der Verschiebung der neuen Oberkasseler Rheinbrücke im April 1976 entstand eine provisorische Endhaltestelle am Ratinger Tor. Hier wartet Stadtbahnwagen GT8S 3018 auf die Rückfahrt nach Holthausen.

8xGITw 2498 mit Speiseabteil im Sonderverkehr im September 1967 in Heerdt. Im Jahre 1977 wurde das Speiseabteil umgebaut zu einem normalen Fahrgastraum. 1997 erfolgte die Ausmusterung.

Vierachsiger Sprengwagen Nr. 51 aus dem Baujahr 1913. Im Jahre 1967 unter Verwendung der Plattformen des KSW-Bw 40 umgebaut und 1970 umgenummert in ATw 5151. Dieses Fahrzeug wurde 1977 an das Straßenbahn-Museum Wehmingen abgegeben.

2xTw 905 des Baujahres 1922 mit dem aus einem Pferdebahnwagen erbauten Turm-Bw 1314 (später 5371) im September 1967 im Betriebshof Grafenberg. Im Jahre 1963 erfolgte die Umrüstung des Tw in einen ATw, der die Nummer 5142 erhielt. Ausgemustert wurde ATw 5142 im Jahre 1970, der Turm-Bw wurde am 15. April 1986 ausgemustert.

Im Jahre 1950, zugleich das Aufnahmejahr, erfolgte die Indienststellung des Schleifwagens ATw 46, der 1970 die Nummer 5161 erhielt und 1974 ausgemustert wurde.

2xATw 1156 aus dem Baujahr 1914 (ex 2xTw 156 der Rheinischen Bahngesellschaft). Im Jahre 1958 erfolgte ein Umbau zu einem Schneeräumer und 1962 wurde derselbe ausgemustert.

gemeinschaft DUEWAG/Kiepe (Wagenbau/Elektrik), beide beheimatet in Düsseldorf.
Am 13. März 1996 fand auf dem Gelände der DUEWAG die Präsentation des neuen niederflurigen Fahrzeuges NF-GTL 2102 statt. Bei diesem Triebfahrzeug handelt es sich um eine Einrichtungsversion des Bonner R 1.1-Wagens, jedoch mit einigen Unterschieden. So besitzt die Düsseldorfer Version im Mittelwagen zwei statt einer Tür, die A- und B-Wagen sind kürzer (9175 statt 9710 mm), die Fahrerkabinen hingegen haben eine größere Tiefe (1858 statt 1646 mm), so daß ein 27,5 m langes Fahrzeug an Stelle des 28,75 m langen Bonner Fahrzeugs entstanden ist. Die Einstiegshöhe beträgt 290 mm, im Niederflurbereich beträgt die Höhe 350 mm und im Hochflurbereich 560 mm. An den Wagenenden kamen zweiachsige Triebdrehgestelle zur Anwendung, von denen jede Achse mit einen GEC-Alsthom-Motor mit einer Leistung von 105 kW bestückt ist. Das Mittelteil ruht auf einem nicht angetriebenen gelenkten Radpaar. Dieses Fahrzeug besitzt in Fahrtrichtung rechts vier 1,25 m breite Einstiege, davon zwei im Mittelteil, und im Wageninnern 72 Sitz- und 93 Stehplätze. Für Rangierfahrten ist eine Hilfsfahrstand im rechten Heckteil instal-

Der 1913 beschaffte Sprengwagen Nr. 51 erfuhr 1967 einen Umbau unter Verwendung der Plattformen des KSW-Bw 40. 1970 wurde er umgenummert in ATw 5151.

liert. Das in Ganzstahl ausgeführte Fahrzeug ist für Vielfachtraktion eingerichtet und stellt eine sauber verarbeitete Straßenbahn dar. Bis zum Jahresende 1996 waren von insgesamt 48 fest bestellten 31 und zum Jahresanfang 1997 zwei weiter Exemplare dieser Bauart ausgeliefert.

Am 5. März 1996 beschloß der Rheinbahn-Aufsichtsrat eine Abänderung im Beschaffungsplan neuer Niederflurstraßenbahnen. Die Bestellung von 138 Triebwagen wurde auf 118 reduziert, dafür orderte man aber zur Erhöhung des Platzangebots 59 Niederflurbeiwagen mit einer Länge von 15 m, von denen 15 bis Ende 1997 ausgeliefert sein sollten.

Wirtschaftlichkeitsberechnungen, die das Fassungsvermögen von NF-GT-L-Doppeltraktionen mit dem von Beiwagenzügen verglichen und auch den Aufwand für die Bahnsteigverlängerungen – die beim Einsatz von Niederflur-Tw mit -Bw zum Teil nicht notwendig sind – mit ins Kalkül zogen, führten zur Wahl der Beiwagenlösung.

Inzwischen wird die Bw-Beschaffung aus Gründen der subjektiven und objektiven sozialen Sicherheit nicht mehr verfolgt, auch die Bestellung der 118 NF-GTL wurde auf 48 reduziert zugunsten der Beschaffung von durchgehend begehbaren Gelenkzügen in 100% Niederflurtechnik, wie ihn der modular aufgebaute Combino von Siemens Verkehrstechnik darstellt. Im November 1997 stimmte der Rheinbahn-Aufsichtsrat der Beschaffung von 18 Niederflurstraßenbahnen und einer Option auf 68 weitere Fahrzeuge des Typs R 100/4 zu. „R 100/4“ steht dabei für Rheinbahn - 100 % niederflurig. Diese Option von insgesamt 86 Fahrzeugen beinhaltet 49 ER-Wagen mit einer Länge von 40 m, 22 ER-Wagen mit einer Länge von 30 m und 15 ZR-Wagen mit 40 m Länge. Die Auslieferung der zwischenzeitlich (1999) festbestellten 38 Fahrzeuge soll ab dem Jahre 2000 erfolgen.

Wagen-Nr.	Baujahr	Hersteller mech./motor.	Bauart/ Leistung	Plätze Sitz-/Steh-	Bemerkungen
891–898	1928/1930		2 × ZRBw	28/30	1949/1960 von NBM Zeist-Utrecht übern., a → bis 1960.
365–374	1950	DUEWAG, AEG	2 × ZRTw 2 × 75 kWh	22/60	Aufbau auf Fahrgestellen ausgebrannter Wagen, a → bis 1974.
375–394	1950/1951	DUEWAG, AEG	2 × ZRTw 2 × 75 kWh	22/60	Aufbau, u → ATw (5), v → Essen 1, vorhanden → 1 a → 1971 bis 1977.
340–348	1950	DUEWAG	2 × ZRBw	22/73	Aufbau auf Fahrgestelle ausgebrannter Wagen, a → bis 1974.
600–655	1952/1954	DUEWAG	2 × ZRBw	22/73	Aufbau, Mus. 643, a → Rest bis 1975.
24, 26–28	1929	Uerd., SSW	2 × ZRTw 2 × 45 kWh	22/50	Aufbau, 1952 leihw. aus Siegen übern., später angekauft, a → alle bis 1975
30–42	1946	Uerd.	2 × ZRBw	12/84	KSW, 1952–1959 von Siegen übern., v → 1966 n. Frankfurt/M., a → 1.
332–333	1949	Uerd.	2 × ZRBw	12/84	KSW, 1953 von Gießen übern., v → 1966 nach Frankfurt/M.
9–11 12	1915 1927	Uerd. Wismar	2 × ZRTw 2 × 40/60 kWh	18/16	1954 von Gummersbach übern., u → ATw, Museum Gummersbach → 1, a → 1960.
22 23	1913 1909	Uerd.	2 × ZRBw		1954 von Gummersbach übern., a → 1958.
11–16	1944	Fuchs	2 × ZRTw 2 × 60 kWh	12/74	KSW, 1956-1959 v. Siegen übern., v → Bonn 1, u → ATw 5133, Rest a → 1970 5 bis 1974.
10	1950	DUEWAG	2 × ZRTw 2 × 60 kWh	22/48	Aufbau, 1959 von Siegen übern., u → ATw, a.
43–44	1950	DUEWAG	2 × ZRBw	22/60	Mus. 43, a → 44.
22	1951	DUEWAG	4 × GRTw-ER 2 × 91 kWh	32/71	Prototyp, u → 1967 Bw, a.
25, 26	1951/1952	DUEWAG, SSW	4 × GRTw-ER 2 × kWh	32/78	u → 1960 Bw, a.
2002, 03, 2006–32 2023II 2024II	1953–1954	DUEWAG, SSW/Kiepe	4 × GRTw-ER 2 × 91 kWh	27/1100 28/89	u → 2020 mit 1601 zu 6 × Gel-ER, u → 2029 zu ATw 5101 (Lehrwagen) vorhanden 2014, u → Bw (10), Rest a.
62, 65	1951	DUEWAG	4 × GRBw-ER	30/96 33/113	u → 62 = 1601 → Tw 2020, 65=16004, a.
1602, 03, 0 1605–16	1952	DUEWAG	4 × GRBw-ER	30/113 33/113	Mus. 1609, Rest a. 1976/1977.
1617–1632 1632	1954/1955	DUEWAG	4 × GRBw-ER	31/94 33/110	vorhanden 1629, 1631. Rest a.
2001–2005, 2021, 2025–2028, 2031–2034	1951–1954	DUEWAG	4 × GRBw-ER	31/85 33/92	u → 1967/68 aus Tw, u → 2034 Schleifw. 5164, Rest a.
1251–1258	1953	DUEWAG, Kiepe	4 × GRTw-ZR 2 × 138 kWh	48/65	Drehgestelle aus 1939, u → 1963/64 zu 8 × Gel-ZR. ➜

Wagen-Nr.	Baujahr	Hersteller mech./motor.	Bauart/ Leistung	Plätze Sitz-/Steh-	Bemerkungen
1201–1204	1953	DUEWAG	4 x GRBw-ER	44/100 54/100	Drehgestelle aus 1939, Speisewagen 1201, 1202, u → 1963 Bw, a → 1975.
2201–2215	1955/1956	DUEWAG	4 x GRTw-ER 1 x 95 kWh	33/96	u → 1959/1960 Bw, a.
2301–20	1956–1965	DUEWAG, SSW/Kiepe	6 x Gel-ER 2 x 95 kWh 2 x 100 kWh	28/182 43/140	2301–03, 05–08, 10–20 v → 1996 Stettin (Szczecin/Polen), 2304 → Strab.-mus. Hann. Rest u → teilw. 8 x GelER
2401–40 2501–20					2402–04, 06–08, 2503, 05, 06, 08, 10, 14 v → 1996 Stettin 2511 v → 1996 Posen 2416, 2512, 2516 a → 1996
1801–1815	1955/1956	DUEWAG	4 x GRBw-ER	33/88	teilw. u → 1959/1960 aus 4 x GRTw-ER 2201–2215
1633–72 1679–80 1673–78 1681–1700	1960	DUEWAG	4 x GRBw-ER	30/102	1679/1680 Sonderausstattung bis 1976/1977 1635, 1640 v → 1996 Stettin 1646 v → 1996 Mashad/Iran, 1642, 1678 a → 1997
1261–1264	1953	DUEWAG, Kiepe	8 x Gel-ER 4 x 138 kWh	76/208	1963/1964 u 4 x Tw → 8 x Gel-ER, a.
2020	1954	DUEWAG SSW	8 x Gel-ER 2 x 100 kWh	47/247	1966 u 6 x Gel + 4 x GRBw → 8 x Gel-ER, a.
1265–1269	1966	DUEWAG, AEG	8 x Gel-ER 2 x 100 kWh	52/228	→ 2265-2269, a.
1205–1207	1966	DUEWAG	4 x GRBw-ZR	34/113	Einsatz als ER, linke Türen verschlossen 1205, 1206 a → 1997, 1207 v → 1996 Stettin
2351–58 2451–58 2551–59 2651–73	1957–1969	DUEWAG, AEG, SSW, Kiepe	8 x GEL-ER 2 x 95 kWh 2 x 115 kWh	49/211 64/193	2351–54 v → 1996 Mashad/Iran 2355, 2358 v → 1996 Posen/Polen 2356 a → 1996, 2451 a → 1996 Unfall 2452–53, 2457-58, v → 1996 Mashad 2551, 52, 54, 56 a → 1997, 2455–56, v → 1996 Posen 2555, v → 1996 Mashad, 2557, v → 1996 Posen 2559, a → 1996 Unfall, 2652, a → 1993
2497–2499	1960–1961	DUEWAG, Kiepe	8 x GEL-ER 2 x 115 kWh	65/159	ex Speiseabteil Linie D u → 1976/77, Küche entf. 2497, v → 1996 Mashad, 2498, a → 1997 2499, v → 1997 Posen
2621–2623	1965	DUEWAG, Kiepe	6 x Gel-ER 2 x 100 kWh	43/120	1971 von Neuss übern., u → 1974 zu 8 x Gel-ER 2966–2969
1281–1283	1961	DUEWAG, Kiepe	6 x Gel-ZR 2 x 110 kWh	47/176	1971 von Neuss übern., u → zu 6 x Gel-ER, a.
2751–2768 2851–2867	1961–1965	DUEWAG, Kiepe	8 x Gel-ER 2 x 100 kWh	59/161 61/164	1976 u → aus 6 x Gel-ER.
3001–3065	1973–1975	DUEWAG, AEG, SSW, Kiepe	8 x Gel-ZR 2 x 150 kWh	51/145	Stadtbahnwagen GT8S, u → 1981-1984 teilweise in GT8SU, Tunnelbetrieb.
3101–3104	1975	DUEWAG, SSW, Kiepe	8 x Gel-ZR 2 x 150 kWh	53/134	Stadtbahnwagen GT8S, mit Speiseabteil, u → 1981 zu GT8SU, 1988 Ausbau Speiseabteil. →

Wagen-Nr.	Baujahr	Hersteller mech./motor.	Bauart/ Leistung	Plätze Sitz-/Steh-	Bemerkungen
4001–4002	1981	DUEWAG, BBC, SSW	6 x Gel-ZR 2 x 235 kWh	72/187	Stadtbahnwagen Typ B80D. Stahlbauweise.
4101–4104	1988	DUEWAG, SSW	6 x Gel-ZR 2 x 235 kWh	74/176	Stadtbahnwagen Typ B80D mit Bistroabteil, Aluminiumbauweise.
4201–4269	1985–1988	DUEWAG, SSW	6 x Gel-ZR 2 x 235 kWh	72/187	Stadtbahnwagen Typ B80D, Aluminiumbauweise.
4270–88,	1992–1993	DUEWAG, Kiepe	6 x GEL-ZR 2 x 235 kWh	72/187	Stadtbahnwagen Typ B80D, Aluminiumbauweise
3601	1990	WU	3 x Gel-ER		Niederflurtriebwagen, abgestellt.
2101–31 2132–33	1996 1997	DUEWAG, Kiepe	NF-GT-L 4 x 105 KWh	72/93	NF-GT-L = Niederflurgelenk-TW lang
2134-48	1998/99				

An Arbeitstriebwagen und Museumswagen sind vorhanden:

Arbeitstriebwagen					
5101	1952	DUEWAG	4 x GRTw-ER		1970 Umbau ex 2029, Fahrschule.
5103	1955	DUEWAG	4 x GRTw-ZR		1971 ex Neuss 36, Fahrschule.
5105	1965	DUEWAG	6 x GelTW-ER		
5111	1925	Schönd.	2 x Tw-ZR		ex 924, u → 1970 Schneekehre.
5113	1986	Eigenbau	2 x Tw-ZR		ex 393, Winterdienst.
5133	1944	Fuchs	2 x Tw-ZR		KSW, ex Siegen, evtl. Mus.
5144	1924	Weyer	2 x Tw-ZR		ex 916, Rangierwagen HW.
5151/5252	1984	Schöma	2 x		Rottenkraftwagen.
5164	1953	DUEWAG	4 x GRTw-ZR		1976 u → aus 4 x GRBw 1834 Schienenschleifwagen.
5221/5231	1950	DUEWAG	2 x TW-ZR Afb.		1970 u → ex 384 + 382, Rangierwagen.
5232	1951	DUEWAG	2 x Tw-ZR Afb.		1972 u → ex 392, Rang.w.
5233	1950	DUEWAG	2 x Tw-ZR Afb.		1976 u → ex 377, Rang.w.
5234	1951	DUEWAG	2 x TW-ZR Afb.		1981 u → ex 394, Rang.w.
5278/5279	1950	DUEWAG	2 x Tw-ZR Afb.		1985 u → ex 378 + 379, Rangierwagen.
5289	1951	DUEWAG	2 x Tw-ZR Afb.		1985 u → ex 389, Rang.w.
Museumstriebwagen					
267	1937	DUEWAG	2 x Tw-ZR		Niederflurwagen.
380	1950	DUEWAG	2 x Tw-ZR Afb.		
583	1921	Weyer	2 x Tw-ZR		ex Städt. Straßenb. 583.
954	1928	Schönd.	2 x Tw-ZR		
2014	1954	DUEWAG	4 x GRTw-ER		1988 ex 2109.
Museumsbeiwagen					
316	1937	DUEWAG	2 x Bw-ZR		Niederflurwagen
643	1954	DUEWAG	2 x Bw-ZR Afb.		
797	1925	Schönd.	2 x Bw-ZR		
858	1929	Weyer	2 x Bw-ZR		
1609	1952	DUEWAG	4 x GRBw-ER		

Zeittafel

20.12.1838: Inbetriebnahme des ersten Teilstücks der Eisenbahnlinie Düsseldorf – Elberfeld bis Erkrath
20.12.1845: Inbetriebnahme der Eisenbahnstrecke Düsseldorf – (Köln-)Deutz
09.02.1847: Inbetriebnahme der Eisenbahnstrecke Düsseldorf – Duisburg
29.04.1873: Baron zu Bückeburg bittet die Stadt um Überlassung der Bedingungen zum Bau und Betrieb einer Pferdeeisenbahn
15.10.1873 und 29.01.1875: Aufforderungen der Stadt Düsseldorf an Interessenten zur Abgabe von Angeboten für die Errichtung einer Pferdeeisenbahn
01.01.1875: Einführung einer einheitlichen Reichswährung. Mark, Groschen und Pfennig lösen die unterschiedlichen Währungen in Deutschland ab
29.08.1875: Konzessionserteilung an den Unternehmer Boyaert zur Errichtung einer Pferdeeisenbahn in Düsseldorf
06.02.1876: Eröffnung der Pferdeeisenbahn in Düsseldorf
01.05.1877: Einstellung der letzten von Düsseldorf ausgehenden Fahrpostenverbindungen
03.09.1878: Übernahme der Düsseldorfer Pferdeeisenbahn durch die Societé Anonyme des Tramways de Düsseldorf in Brüssel
22.12.1878: Eröffnung des Betriebshofes Nordstraße
1880: In Düsseldorf findet die Rheinisch-Westfälische Industrie- und Gewerbeausstellung statt
01.07.1891: Betriebseröffnung des neuen Düsseldorfer Hauptbahnhofs
01.07.1892: Übernahme der Pferdeeisenbahn durch die Stadt Düsseldorf und Verpachtung an Freiherrn von Tippelskirch
28.07.1892: Veröffentlichung des Gesetzes zur Anlage und Betreibung von Kleinbahnen in Deutschland durch die Reichsregierung
15.11.1892: Erstes Konzessionsgesuch zur Errichtung einer Bahn von Derendorf (Düsseldorf) nach Hochfeld (Duisburg) durch die Maschinen- und Metallwarenfabrik, Düsseldorf
24.03.1893: Konzessionserteilung an die Maschinen- und Metallwarenfabrik, Düsseldorf, zur Errichtung einer Kleinbahn von Derendorf nach Hochfeld
10.11.1893: Bezug des neuen Wagenhauses an der Erkrather Straße
21.07.1894: Erstes Angebot zur Errichtung der Kleinbahn Düsseldorf – Duisburg durch die Firma Heintges, Düsseldorf
10.12.1895: Zweites Angebot zur Errichtung der Kleinbahn Düsseldorf – Duisburg durch die Firma Lenz & Co, Stettin
27.01.1896: Aufnahme des elektrischen Straßenbahnbetriebs in Düsseldorf zwischen der Schützenstraße und Grafenberg und zwischen Grafenberg und Rath
06.06.1896: Abgabe der Baubereitschaft für die Kleinbahn Düsseldorf – Duisburg durch die Firma Lenz & Co, Stettin, an die Westdeutsche Eisenbahn-Gesellschaft, Köln
20.07.1896: Vorschlag der Westdeutschen Eisenbahn-Gesellschaft zum Bau einer lokomotivbetriebenen Vollspurbahn Düsseldorf – Duisburg mit Übergabegleis an die Staatsbahn in Düsseldorf-Derendorf
27.02.1897: Ablehnung des Vorschlages vom 20.07.1896 durch den Minister für öffentliche Arbeiten in Berlin
26.10.1897: Bitte um Konzessionserteilung zum Bau der Kleinbahn Düsseldorf – Duisburg durch den Direktor der Düsseldorfer Straßenbahn, Freiherr von Tippelskirch
25.03.1896: Gründung der Rheinischen Bahngesellschaft AG
20.11.1897: Aufnahme des elektrischen Betriebs zwischen Rath und Ratingen
02.01.1898: Konzessionserteilung zur Errichtung eines Elektrizitätswerkes in Kaiserswerth an den Direktor der Düsseldorfer Straßenbahn, Freiherrn von Tippelskirch
15.01.1898: Mahnung des Oberpräsidenten der Rheinprovinz zur unverzüglichen Errichtung der Kleinbahn Düsseldorf – Duisburg
19.02.1898: Bewerbung der Allgemeinen Lokal- und Straßenbahn-Gesellschaft, Berlin, zum Bau der Kleinbahn Düsseldorf – Duisburg
12.03.1898: Bewerbung der Düsseldorfer Rheinbahn-Gesellschaft um Konzessionserteilung zur Erlangung der Betriebsführung für die Kleinbahn Düsseldorf – Krefeld
29.03.1898: Stadtverordnetenbeschluß zur Umwandlung der Pferdeeisenbahn in eine elektrische Straßenbahn
05.1898: Vorlage eines detaillierten Plans einer normalspurigen Kleinbahn Düsseldorf – Duisburg durch Freiherrn von Tippelskirch

12.07.1898: Die Duisburger Stadtverordnetenversammlung stimmt diesem Plan zu
19.08.1898: Verzicht der Westdeutschen Eisenbahn-Gesellschaft auf Errichtung und Betrieb der Kleinbahn Düsseldorf – Duisburg
20.08.1898: Verzicht der Allgemeinen Lokal- und Straßenbahn-Gesellschaft auf Errichtung und Betrieb der Kleinbahn Düsseldorf – Duisburg
15.09.1898: Gründung der Düsseldorf-Duisburger-Kleinbahn GmbH durch die Städte Düsseldorf und Duisburg
12.11.1898: Verkehrsübergabe der ersten Rheinbrücke zwischen Düsseldorf und Oberkassel
10.12.1898: Aufnahme des Kleinbahnverkehrs zwischen Benrath und Hilden
12.12.1898: Aufnahme des Kleinbahnverkehrs zwischen Düsseldorf und Benrath
15.12.1898: Aufnahme des Kleinbahnbetriebs der Rheinischen Bahngesellschaft zwischen Ratinger Tor in Düsseldorf und Rheinstraße in Krefeld sowie Betriebsbeginn des Kraftwerks in Oberkassel
1898: Das Düsseldorfer Pferdeeisenbahnnetz hat mit einer Linienlänge von 23 700 m seine größte Ausdehnung erreicht
12.01.1899: Eröffnung der Kleinbahnstrecke Hilden – Ohligs
25.03.1899: Eröffnung der Kleinbahnstrecke Hilden – Haan
28.03.1899: Konzessionserteilung zum Bau und Betrieb an die Düsseldorf-Duisburger Kleinbahn GmbH durch den Regierungspräsidenten in Düsseldorf
28.03.1899: Beginn des Streckenausbaus zwischen der Nordstraße in Düsseldorf und Kaiserswerth
01.07.1899: Eröffnung der Zentrale Rath mit einer Wagenhalle und einem Elektrizitätswerk
05.09.1899: Umstellung der Pferdeeisenbahn auf elektrischen Betrieb mit der ersten Strecke Burgplatz – Zoo
31.10.1899: Eröffnung des Streckenabschnitts Nordstraße – Kaiserswerth
21.06.1900: Die letzte Pferdeeisenbahn verkehrt zwischen Corneliusplatz und Flora sowie zwischen Hauptbahnhof und Unterbilk
01.07.1900: Die Stadt Düsseldorf übernimmt die Straßenbahn in eigene Regie
15.08.1900: Eröffnung der Strecke Kaiserswerth – Duisburg durch die Düsseldorf-Duisburger Kleinbahn
01.04.1901: Übernahme der privat erbauten Strecke Grafenberg – Ratingen durch die Stadt Düsseldorf
05.08.1901: Eröffnung der Strecke Meerbusch – Uerdingen (Dampfbetrieb) durch die Rheinische Bahngesellschaft AG
21.12.1901: Eröffnung der Strecke Oberkassel – Neuss durch die Rheinische Bahngesellschaft AG
15.03.1902: Inbetriebnahme des Betriebshofs Münsterstraße (Derendorf)
05.1902: Beginn der großen Industrie-, Gewerbe- und Kunstausstellung in Düsseldorf, Rundkurs im Ausstellungsgelände mit akkubetriebenen Straßenbahnwagen
1902: Eröffnung eines kleinen Betriebshofs in Eller zur Beheimatung von Pendelwagen
01.05.1903: Inbetriebnahme des Betriebshofs Grafenberg
1906: Die Liniennumerierung wird bei den Straßenbahnen der Stadt Düsseldorf eingeführt, die Fernlinien der Rheinischen Bahngesellschaft erhalten eine Kennzeichnung durch Großbuchstaben
1906: Die Düsseldorf-Duisburger Kleinbahn GmbH gelangt in den Besitz des Rheinisch-Westfälischen Elektrizitätswerks RWE
15.08.1908: Das RWE veräußert die Kleinbahn Düsseldorf – Duisburg an die Allgemeine Lokal- und Straßenbahn-Gesellschaft, Berlin
1908: Inbetriebnahme des Betriebshofs Am Steinberg
19.07.1909: Eröffnung der Straßenbahnstrecken Mettmann – Dornap und Vohwinkel – Wülfrath durch die Mettmanner Straßenbahn (RWE)
09.12.1909 und 16.12.1909: Eröffnung der Strecke Uerdingen – Kaldenhausen und Kaldenhausen – Moers durch die Rheinische Bahngesellschaft AG
03.03.1910: Eröffnung der Strecke Hubbelrath – Auf der Hardt durch die Mettmanner Straßenbahn; damit wird Düsseldorfer Stadtgebiet erreicht
01.04.1911: Übernahme der Kleinbahn Benrath – Ohligs/Vohwinkel durch die Stadt Düsseldorf
01.10.1911: Inbetriebnahme des Betriebshofs Trompet durch die Rheinische Bahngesellschaft AG
02.10.1911: Verpachtung der Kleinbahn Benrath – Oligs/Vohwinkel durch die Stadt Düsseldorf an die Rheinische Bahngesellschaft
1911: Die Stadt Düsseldorf erwirbt von der Allgemeinen Lokal- und Straßenbahngesellschaft, Berlin, den auf ihrem Stadtgebiet liegenden Anteil der Kleinbahn Düsseldorf – Duisburg
30.06.1913: Die Düsseldorf-Duisburger Kleinbahn GmbH geht in den Besitz der Stadt Duisburg über
01.08.1914: Beginn des Ersten Weltkriegs

19.08.1914: Erstmalig werden Kriegsverletzte mit umgebauten Straßenbahnwagen vom Bahnhof Oberbilk zu den Krankenanstalten befördert
01.07.1916: Inbetriebnahme des Betriebshofs Wersten
11.1918: Zu Kriegsende Besetzung des linksrheinischen Stadtgebiets durch belgische Truppen; Unterbrechung des Straßenbahnverkehrs nach Düsseldorf
09.11.1919: Erstmalig fahren wieder Lokalzüge von Lörick nach Düsseldorf durch
01.1920: Die Linien von Krefeld, Moers und Neuss fahren wieder bis in das Stadtgebiet von Düsseldorf durch
08.03.1921: Besetzung des Rheinlands durch französische Truppen
01.01.1922: Zusammenschluß der Städtischen Straßenbahn Düsseldorf und der Rheinischen Bahngesellschaft AG
22.01.1924: Konzessionserteilung zum Bau einer Schnellbahn Köln – Dortmund an die Studiengesellschaft für die Rheinisch-Westfälische Schnellbahn mbH, Essen
15.03.1924: Einigung der Städte Düsseldorf und Duisburg über Pläne zum Umbau der Kleinbahn Düsseldorf – Duisburg in eine Schnellstraßenbahn
06.1924: Die Stadt Düsseldorf übernimmt die Hälfte der Geschäftsanteile der Kleinbahn Düsseldorf – Duisburg
1924: Einführung des Speisewagenbetriebs auf der Fernlinie A Düsseldorf – Krefeld
06.08.1925: Beginn des Ausbaus der Kleinbahn Düsseldorf – Duisburg in eine Schnellstraßenbahn
01.10.1925: Inbetriebnahme des neuen Betriebshofs Derendorf
31.01.1926: Die französischen Besatzungstruppen räumen das Rheinland
09.04.1926: Inbetriebnahme der verbreiterten Oberkasseler Brücke
01.05.1926: Eröffnung der Schnellstraßenbahn Düsseldorf – Duisburg
01.06.1926: Inbetriebnahme des völlig umgestalteten Straßenbahnknotenpunkts Graf-Adolf-Platz
07.06.1928: Eröffnung der Strecke Mettmann – Wülfrath der Mettmanner Straßenbahn
01.07.1928: Inbetriebnahme des Betriebshofs Heerdt
02.07.1928: Aufgabe der Zentrale Oberkassel
12.10.1929: Verkehrsübergabe der neuen Südbrücke, Einrichtung einer Rundlinie Düsseldorf – Neuss
26.08.1930: Aufnahme des Obusverkehrs zwischen Mettmann und Gruiten durch die Mettmanner Straßenbahn
10.06.1936: Beginn des viergleisigen Ausbaus im Linienverlauf der Schnellstraßenbahn Düsseldorf – Duisburg in der Kaiserswerther Straße zwischen Reeser Platz und Freiligrathplatz in Düsseldorf
10.12.1936: Aufgabe des Schienenverkehrs zwischen Düsseldorf und Mettmann durch die Mettmanner Straßenbahn, Einrichtung eines Omnibusverkehrs zwischen beiden Städten durch die Rheinische Bahngesellschaft AG
15.12.1936: Übernahme des restlichen Aktienkapitals der Rheinischen Bahngesellschaft AG durch die Stadt Düsseldorf und Gründung unter dem neuen wie alten Namen Rheinische Bahngesellschaft AG
14.04.1937: Übernahme der Kreis Mettmanner Straßenbahn mit allen Linien durch die Rheinische Bahngesellschaft AG
01.05.1938: Übernahme der Geschäftsanteile der Düsseldorf-Duisburger Kleinbahn GmbH durch die Rheinische Bahngesellschaft, Düsseldorf, und die Duisburger Verkehrsgesellschaft je zur Hälfte
01.09.1939: Beginn des Zweiten Weltkriegs
03.11.1943: Schwere Zerstörungen im Betriebshof Am Steinberg durch Luftangriffe alliierter Bomberverbände
1943 und 1944: Schwere Zerstörungen der Hauptwerkstätte Erkrather Straße durch Bombenangriffe
11.1944: Völlige Zerstörung des Betriebshofs Derendorf durch Bombenangriffe
01.03.1945 und 03.03.1945: Sprengung beider Düsseldorfer Rheinbrücken durch die Wehrmacht
08.03.1945: Einstellung des Straßenbahnverkehrs in Düsseldorf
17.03.1945: Amerikanische Truppen besetzen Düsseldorf
08.06.1945: Wiederaufnahme des Straßenbahnbetriebs auf zwei Linien in Düsseldorf sowie zwischen Benrath und Ohligs
02.07.1945: Wiederaufnahme des Straßenbahnverkehrs in Oberkassel und von Oberkassel nach Meerbusch
25.11.1945: Aufnahme des Fahrbetriebs auf der Teilstrecke Düsseldorf Hbf – Kaiserswerth
15.05.1946: Nach Wiederaufbau gesprengter Brücken Inbetriebnahme der Gesamtstrecke Düsseldorf Hbf – Duisburg Hbf
1946: Montagebeginn der Oberkasseler Behelfsbrücke
29.05.1948: Aufnahme des Straßenbahnverkehrs zwischen Düsseldorf und den linksrheinischen Lokal- und Fernlinien über die fertiggestellte Behelfsbrücke
20.06.1948: Währungsreform im Westen Deutschlands
16.05.1950: Mit Beginn des Sommerfahrplans Einführung des Speisewagenbetriebs auf der Linie D Düsseldorf – Duisburg

17.11.1951: Aufnahme des Straßenbahnverkehrs über die wiederhergestellte Südbrücke
17.05.1952: Einstellung des Straßenbahnbetriebs zwischen Mettmann und Vohwinkel, Umstellung auf Busbetrieb
31.12.1954: Einstellung der Obuslinie Mettmann – Gruiten und Ersatz durch Dieselbusse
07.1957: Von der Firma DUEWAG erhält die Rheinbahn Düsseldorf den Prototyp eines achtachsigen Doppelgelenktriebwagens zu Testzwecken
20.10.1958: Einstellung des Straßenbahnverkehrs zwischen Meerbusch und Moers, Umstellung auf Busbetrieb
1958: Die Rheinbahn Düsseldorf und die Duisburger Verkehrsgesellschaft beschließen, auf der Linie D mit dem achtachsigen Prototyp-Doppelgelenktriebwagen Versuchsfahrten durchzuführen
11.1960: Einführung der achtachsigen Doppelgelenktriebwagen mit vierachsigem Großraumbeiwagen auf der Linie D
1960: Beginn des großzügigen Ausbaus der Umsteigestellen Hauptbahnhof, Worringer Platz und Jan-Wellem-Platz
07.05.1961: Einstellung des Straßenbahnverkehrs zwischen Benrath und Vohwinkel, Umstellung auf Busbetrieb
1961: Beginn der Umgestaltung der Verkehrswege in der Düsseldorfer Innenstadt
15.04.1962: Einstellung des Straßenbahnverkehrs zwischen Benrath und Ohligs, Umstellung auf Busbetrieb
17.04.1962: Fertigstellung der Umsteigeknotenpunkte Hauptbahnhof und Worringer Platz
30.10.1962: Fertigstellung des Umsteigeknotenpunkts Jan-Wellem-Platz
03.05.1965: Der letzte vierachsige Speisewagen, Baujahr 1926, wird auf der Linie D Düsseldorf – Duisburg außer Betrieb gestellt
12.1968: Stadtratsbeschluß zum Bau einer vom übrigen Verkehr unabhängigen U-Bahn
15.07.1969: Baubeginn der ersten Stufe der zukünftigen Stadtbahnstrecke Düsseldorf – Duisburg zwischen Neuem Friedhof und Sittardsberg in Duisburg
16.10.1969: Schließung des Betriebshofs Grafenberg
1970: Vorstellung des Generalverkehrsplans durch die Landesregierung von Nordrhein-Westfalen
1971: Übernahme der von Neuss verwalteten Innenstadtstrecke in Neuss durch die Rheinische Bahngesellschaft
23.03.1973: Erster Spatenstich für den Tunnelabschnitt der zukünftigen Stadtbahnstrecke Düsseldorf – Duisburg zwischen Fischerstraße und Klever Straße in Düsseldorf
1973: Beginn des ersten Bauabschnitts zur Untertunnelung der Düsseldorfer Innenstadt zwischen Klever und Venloer Straße
1974: Gründung der Stadtbahn-Gesellschaft Rhein-Ruhr
21.02.1974: Betriebsaufnahme des Straßenbahnverkehrs auf der neuen, noch nicht verschobenen Oberkasseler Rheinbrücke
1975: Fertigstellung der Stadtbahntrasse zwischen Neuem Friedhof in Duisburg und Freiligrathplatz in Düsseldorf
1975: Inbetriebnahme neuer achtachsiger Doppelgelenktriebwagen des Typs GT8S durch die Rheinbahn, Düsseldorf
1976: Einsatz der neuen in Rheinbahnbesitz befindlichen achtachsigen Doppelgelenktriebwagen Typ GT8S zwischen Düsseldorf und Duisburg
07.04.1976 und 08.04.1976: Verschub der neuen Oberkasseler Rheinbrücke in ihre endgültige Lage
01.01.1980: Gründung des Verkehrsverbunds Rhein-Ruhr
1981: Lieferung von zwölf neuen Stadtbahn-Gelenktriebwagen des Typs B80D, Reihe 4000 an die Rheinbahn, Düsseldorf
03.10.1981: Eröffnung des Stadtbahn-Vorlaufbetriebs in dem fertiggestellten Tunnelabschnitt Fischerstraße – Heinrich-Heine-Allee
1985 bis 1993: Anlieferung von 88 Exemplaren des Stadtbahn-Gelenktriebwagens B80D, Reihe 4200 an die Rheinbahn, Düsseldorf
1986/87: Bau einer Umsetzanlage (Stahlwerkstraße) zwischen Rampe Hauptbahnhof und Kölner Straße
12.04.1987: Grundsteinlegung für die neue zentrale Hauptwerkstatt in Heerdt
08.05.1988: Aufnahme des unterirdischen Stadtbahnbetriebs zwischen Heinrich-Heine-Allee und dem zentralen Verknüpfungspunkt Hauptbahnhof
28.08.1989: Richtfest für den Neubau des Zentralbetriebshofs Lierenfeld
1991: Zum Jahresende Beginn des Umzuges aller Fahrzeuge aus dem Betriebshof Derendorf zum neuen Zenetralbetriebshof Lierenfeld
20.10.1991: Ein Kabelbrand in der unterirdischen Station Heinrich-Heine-Allee legt den U-Bahn-Betrieb lahm; Einrichtung eines Schienenersatzverkehrs für mehrere Tage
29.11.1991: Inbetriebnahme des Betriebshofs Lierenfeld, Schließung des Betriebshofs Derendorf
28.02.1992: Zustimmung der Stadt Düsseldorf zur Trägerschaft für die CityBahn Kaarst – Neuss – Düsseldorf – Mettmann

10.04.1992: Ausrücken der letzten Straßenbahnen aus dem Betriebshof Wersten und Umbeheimatung in den neuen Zentralbetriebshof Lierenfeld
16.07.1992: Schließung der Hauptwerkstatt Erkrather Straße
1992: Der Rat der Stadt Düsseldorf beschließt den Bau einer dritten unterirdischen Durchmesserlinie zwischen Bilk im Süden und Wehrhahn im Norden
28.01.1993: Der Rat der Stadt Düsseldorf beschließt den Bau des unterirdischen Streckenabschnitts Hauptbahnhof – Oberbilk
15.04.1994: Der Rheinbahn-Aufsichtsrat bestellt
138 Exemplare des Niederflur-Straßenbahnwagentyps NF-GT-L mit der Option einer schnellstmöglichen Auslieferung von zehn Exemplaren
26.09.1994: Eröffnung des unterirdischen Streckenabschnitts vom Hauptbahnhof in Richtung Lierenfeld bis zur Ronsdorfer Straße
26.09.1994: Eröffnung der Neubaustrecke zum Bürovierteil im linksrheinischen Stadtteil Lörick
1994: Im Herbst werden die Planungen zum Bau der unterirdischen Strecke von Bilk nach Wehrhahn eingestellt
05.03.1996: Abänderung der Beschaffungspläne von Niederflur-Straßenbahntriebwagen, Zurücknahme der 138 bestellten Fahrzeuge auf 118, Bestellung von 59 Niederflurbeiwagen
11.04.1996: Erstmaliger Einsatz der neuen Niederflurstraßenbahnen in Düsseldorf
1996/97: Der Rat der Stadt Neuss beschließt die Auslagerung der Straßenbahn aus der Fußgängerzone in der Neusser Innenstadt und die Errichtung einer Paralleltrasse in der Nähe der Fußgängerzone
16.01.1997: Aufnahme der Bauarbeiten zur unterirdischen Weiterführung der U 74 und U 77 zwischen Oberbilk, Markt und Rampe Kaiserslautener Straße
05.1997: Beginn der 1993 beschlossenen Beschleunigungsmaßnahmen im Verlauf der Linien U 78 und U 79 zwischen Reeser Platz und Stockumer Kirchstraße
1997: Stornierung der Bestellung von 118 Niederflurtrieb- und 59 Niederflurbeiwagen auf nur 48 Niederflurtriebwagen zugunsten durchgängig begehbarer Gelenkzüge in 100% Niederflurbauweise, geplante Auslieferung Zeitraum 1999 bis 2003
11.97: Der Rheinbahn-Aufsichtsrat stimmt der Beschaffung von 18 Niederflurstraßenbahnwagen und der Option auf weitere 68 gleichartiger Fahrzeuge des Typs „Rheinbahn 100 % niederflurig" zu
25.06.1998: Sperrung der Gleisschleife Messe/Rheinstadion zwecks Tieferlegung der Gleise im Haltestellenbereich
01.08.1999: Die umgebaute Gleisschleife Messe/Rheinstadion wird in Betrieb genommen
10.98 bis 04.99: Schildvortrieb zur Erbohrung der zweigleisigen Tunnelröhre vom Bereich Philipshalle bis Bereich Handelszentrum/Stahlwerksstraße
21.03.99: Abschluß des Schildvortriebs zwischen S-Bf. Oberbilk und Oberbilk-Markt im Verlauf des U-Bahn-Tunnels Kölner Straße
03.99: Anlieferung des letzten NfTw 2148
25.08.99: Inbetriebnahme einer neuen Kehranlge in Nähe Neuss/Hbf. für die U 75, Herausnahme derselben aus der Fußgängerzone in Neuss
09.99: Der Rat der Stadt Düsseldorf spricht sich für die Aufnahme neuer Planungen zur Realisierung der Wehrhahnlinie aus
26.09.99: Betriebsaufnahme der Regiobahn „Mettmann-Düsseldorf-Neuss-Kaarst/Kaarster See"

Anhang: Güterverkehr der Düsseldorfer Klein- und Straßenbahnen

Rheinische Bahngesellschaft

Nach Aufnahme des Personenverkehrs auf der Fernlinie Düsseldorf – Krefeld am 15. Dezember 1898 beantragte die Rheinische Bahngesellschaft bei der Aufsichtsbehörde die Aufnahme eines Güterverkehrs von ihrem linksrheinischen Netz über die Oberkasseler Brücke durch die Düsseldorfer Altstadt hin zur Rheinwerft auf der rechten Stromseite. Die hierzu erforderliche Genehmigung wurde am 1. November 1899 auf eine Dauer von 75 Jahren erteilt. Die Stadt Düsseldorf erbaute noch im gleichen Jahr auf Rechnung der Bahngesellschaft abzweigend von der Fernstrecke Düsseldorf – Krefeld vom Ratinger Tor bis zur Schiffsländе eine meist eingleisige Güterstrecke, die am 6. November 1899 in Betrieb genommen wurde und für die eine jährliche Maut von einer Mark je Meter Gleislänge an die Stadt zu zahlen war.

Über diese Strecke von Oberkassel bis zur Schiffsländе (untere Rheinwerft) wickelte die Rheinische Bahngesellschaft den Stückguttransport ab. Für das Umsetzen der Triebwagen und

Die beiden 2xTw 185 und 205 aus dem Beschaffungszeitraum 1900/1901, ursprünglich mit offenen Plattformen an die Düsseldorfer Straßenbahn geliefert, erlebten in der Folgezeit mehrfach Umrüstungen und versahen nach dem Zweiten Weltkrieg als ATw (Schutträumung) bis zu ihrer Ausmusterung im Jahre 1961 ihren Dienst. Betriebshof Münsterstraße 1950.

ATw 512, Baujahr 1912, behängt mit zwei zweiachsigen, in eigener Werkstatt auf Fahrgestellen kriegszerstörter Fahrzeuge in den Jahren 1947/1948 entstandenen Kipper-Beiwagen im Einsatz auf dem Jan-Wellem-Platz im April 1965.

für die Abstellung der Güterwagen entstand eine viergleisige Anlage; außerdem wurde eine Lager- und Umschlagstelle für Sand und Kies errichtet, die dem Bedarf der Bahngesellschaft für ihre eigene Bautätigkeit diente. Mit Ladekränen wurde hier ein Umschlag in Rheinkähne vorgenommen.

Als Transportgut im Stückgutverkehr fielen vornehmlich landwirtschaftliche Produkte aus dem linksrheinischen Hinterland an. Für Kleinbauern und Marktbeschicker gab die Rheinische Bahngesellschaft während der Erntezeiten Sonderfahrscheine aus, die täglich mehrfach benutzt werden konnten.

Im Jahre 1902 fand in Düsseldorf eine Industrie- und Gewerbeausstellung nördlich der Oberkasseler Brücke auf dem heutigen Rheinpark-Gelände statt, zu der die Düsseldorfer Straßenbahn entlang des Rheinufers eine Ausstellungslinie erbaute. Dies hatte für die Güterbahnstrecke zur Folge, daß ihre Führung in der Altstadt 1901 verändert werden mußte. Waren die Güterzüge bisher über ein Ausziehgleis und von dort über eine Weiche rückwärts zur Rheinwerft gelangt, so wurden diese Züge fortan über einen rechtsführenden Gleisbogen vorwärts zur Rheinwerft geleitet.

Mit der Eröffnung der Linie nach Neuss im Jahre 1901 dehnte die Rheinische Bahngesellschaft ihren Güterdienst auch auf die im Hafen Heerdt angesiedelten Firmen aus. Hierzu entstand eine mehrgleisige Anlage mit Umsetzmöglichkeiten.

Der Güterverkehr zur unteren Rheinwerft in Düsseldorf war zwar sehr rege, der erwartete große Wagenladungsverkehr mit Industriegütern blieb jedoch aus. Der Güterdienst beschränkte sich auf den Transport von Expreß- und Stückgütern sowie von landschaftlichen Erzeugnissen. Mit der Eröffnung der zunächst als Dampfbahn geführten Kleinbahnstrecke Meererbusch – Uerdingen im August 1901 wurden erhebliche Mengen an Milch in Kannen bis Mererbusch (Meerbusch) transportiert und dort umgeladen zum Weitertransport nach Düsseldorf. Auch entstanden zu den an dieser Strecke gelegenen Sandgruben und Ziegeleien Anschlußgleise für die An- und Abfuhr von Material der Firmen untereinander wie auch von Fertigprodukten nach Düsseldorf. Ein nennenswerter Stückgutverkehr zwischen Uerdingen und Düsseldorf entwickelte sich jedoch nicht, weshalb dieses Angebot 1911 gestrichen wurde.

Mit der Aufnahme des Güterverkehrs verfügte die Rheinische Bahngesellschaft über acht gedeckte Gütertrieb- bzw.-beiwagen, deren Zahl sich bis 1912 auf 15 erhöhte. Es waren sowohl Zwei- als auch Vierachsfahrzeuge mit mittig angeordneten Schiebetüren, die zur Beförderung von Stück- und Expreßgut, aber auch zum Transport von landwirtschaftlichen Erzeugnissen dienten. Für den Transport von Sand, Kies, Steinen und Kohle erwarb die Bahngesellschaft offene Hochbordwagen. Die Anzahl der Güterwagen stieg ständig. Bedingt durch den Ersten Weltkrieg und die schwierigen Nachkriegsjahre wuchs der Bestand bis 1924 auf 208 Exemplare an. In der Ursprungsausführung besaßen die Fahrzeuge die bei der Rheinischen Bahngesellschaft gebräuchlichen Tellerpufferkupplungen. Um ein Kuppeln mit Güterwagen der städtischen Hafenbahn und der Staatsbahn zu ermöglichen, erhielten die später beschafften Wagen Seitenpuffer und Schraubenkupplungen. Alle Güterwagen hatten an einer Stirnseite offene Bremsersitze mit Bremskurbeln, da sie nicht über Druckluftbremsen verfügten. So bedurfte ein Bremsmanöver des Triebfahrzeugführers der Unterstützung durch einen Bremser am Zugende. Neben den Rheinbahn-eigenen Güterwagen waren in den Fahrzeugpark auch firmeneigene Hochbordwagen der linksrheinischen Sand- und Kiesbaggereien und der Ziegeleien eingestellt.

Für den Verschubdienst auf der Rheinwerft benutzte die Rheinische Bahngesellschaft ein in eigener Werkstatt entstandenes zweiachsiges Triebfahrzeug, das noch bis in die sechziger Jahre seinen Dienst bei den Stadtwerken in Düsseldorf-Flingern versah. Überliefert ist die Existenz eines vierachsigen kombinierten Güter-/Personentriebwagens mit der Wagennummer 90, entstanden 1911 nach einem Brandschaden aus dem Triebwagen Nr. 1 der Ursprungsausführung des Baujahrs 1898. Der Güterraum, beidseitig mit Schiebetüren versehen, befand sich in der Wagenmitte, die Personenabteile lagen hinter den Plattformen. 1939 wurde dieses Fahrzeug verschrottet. Alle Güterwagen waren wie die Personenwagen dunkelbraun, die Hochbordwagen schwarz lackiert.

Da die Staatsbahn im Ersten Weltkrieg kriegsbedingt Transportschwierigkeiten hatte, kamen auf die Rheinische Bahngesellschaft umfangreiche Kohlentransporte zu. 1917 wurde in (Kamp-) Lintfort ein Anschlußgleis von der Straßenbahn Moers – Kamp – Rheinberg zur Zeche Friedrich-Heinrich verlegt, so daß eine durchgehende Transportmöglichkeit zur Versorgung mit Kohle von der Zeche bis zu den Empfängern und hier insbesondere zu den Stadtwerken in Düsseldorf gegeben war. Ein Kohlezug bestand in der Regel aus drei bis vier Hochbordwagen und wurde von einem Personentriebwagen geführt.

Eine weitere Güterbahn der Rheinischen Bahngesellschaft entstand mit der Eröffnung am 19. März 1901 aufgrund eines staatlichen Erlasses vom 31. Dezember 1896 vom Staatsbahnhof Oberkassel zu den bestehenden Firmen entlang der Hansaallee. Mit der Aufnahme des Betriebs eines Stahlwerks im Jahre 1916 erreichte diese Industriebahn mit 17 Werksanschlüssen ihre größte Ausdehnung. Die Bahngesellschaft überstellte den Firmen in Staatsbahnwaggons vornehmlich Rohstoffe zur Weiterverarbeitung und transportierte die Fertigprodukte zurück. Für die Überstellung wurden die kleinen Kasten-Dampflokomotiven der früheren Uerdinger Dampfbahn, die nach der Elektrifizierung der Uerdinger Strecke ab 1. Mai 1902 frei wurden, verwendet. Deren Zugkraft reichte auf Dauer für den Verschub der immer länger und damit schwerer werdenden Güterzüge nicht aus, und so wurden ab 1906 auf der nie elektrifizierten Strecke Dampflokomotiven mit stärkerer Leistung und der Achsfolge C und D eingesetzt. Anfang der sechziger Jahre erfolgte die Ablösung dieser Lokomotiven durch Dieselloks, und ab 1. April 1962 übernahm die Deutsche Bundesbahn die Bedienung dieser Industriebahn.

Bergische Kleinbahn

Mit der Konzessionserteilung zum Bau und Betrieb einer Kleinbahn von Benrath nach Düsseldorf (Oberbilk) und von Benrath ins Bergische Land nach Ohligs und Vohwinkel war die Erlaubnis verbunden, einen Güterverkehr zwischen den an diesen Strecken liegenden Ortschaften einzurichten. Hierzu wurden in den Orten Güterannahme- und -ausgabestellen eingerichtet. Im August 1900 begann der Transport von Stückgütern wie Eil- und Expreßgut, aber auch ganzer Wagenladungen mit Kohle, Holz, Steinen und landwirtschaftlichen Erzeugnissen. Die hierzu benötigten Güterwagen wurden von normalen Personentriebwagen gezogen. Einige an der Strecke liegende Firmen verfügten über Anschlußgleise, so auch das Wasserwerk der Stadt Elberfeld am Rheinufer in Benrath in Höhe der Rheinfähre. Die für dieses Werk benötigte Kohle wurde mit Staatsbahnwaggons zum Bahnhof Benrath befördert und hier per Hand in die Kleinbahnwaggons umgeladen. Schon seit der Betriebsaufnahme der Kleinbahn bestand ein Anschlußgleis zum Staatsbahnhof und zum Wasserwerk. Da zu dieser Zeit Holz noch per Floß auf dem Rhein transportiert wurde, entstand ebenfalls in Höhe der Rheinfähre ein Sägewerk, in dem die Stämme zu Nutzholz verarbeitet und mit der Kleinbahn zu der in Vohwinkel ansässigen Holzhandlung transportiert wurden. Empfänger von Gütern ohne Anschlußgleis erhielten ihre Waren direkt am Haus oder aber durch Vertragsfuhrunternehmern mit Pferdefuhrwerken zugestellt.

Im Jahre 1911 wurde die Stadt Düsseldorf Alleineigentümerin des Benrather Netzes und verpachtete das Verkehrsnetz an die Rheinische Bahngesellschaft. In den Folgejahren fand dann die Umspurung des Meterspurnetzes auf Normalspur zwischen Oberbilk und Benrath/Bhf statt. Der Abschnitt Benrath/Bhf – Rheinufer behielt sein Meterspurgleis, um den Güterverkehr mit dem Bergischen Hinterland aufrechterhalten zu können. Die Umspurung auf Normalspur diente in erster Linie dem durchgehenden Ver-

4x-Gütertriebwagen 53 aus dem Baujahr 1918 im Betriebshof Heerdt, 1950. Die Ausmusterung erfolgte 1960.

Die Straßenbahn im Schutträumeinsatz an der Verladestelle Elberfelder Straße im Jahre 1948. Der Schutt wird aus Loren in O-Wagen abgekippt und mit Straßenbahn-Triebwagen zur Rheinwerft verbracht, um von dort zum Weitertransport in Rheinkähne umgeladen zu werden.

kehr der Straßenbahn von der Düsseldorfer Innenstadt bis Benrath, in zweiter Linie kam sie dem durchgehenden Güterverkehr zwischen den linksrheinischen Orten und dem Bergischen Land zugute, wenn auch in Benrath der Güterumschlag von den Normalspur- in die Meterspurfahrzeuge per Hand erfolgen mußte. Hierzu velegte man die Güterstelle vom Benrather Betriebshof unmittelbar auf die nach Hilden führende Straße und errichtete dort eine Abfertigungsrampe und Umladegleise.

Wenn auch das Güteraufkommen in den ersten Jahren sehr spärlich war, so brachte der Erste Weltkrieg doch eine erhebliche Steigerung der anfallenden Gütermengen, die sich aber in der Nachkriegszeit stark verringerten und den Güterdienst als nicht mehr lukrativ erscheinen ließen. Die Rheinische Bahngesellschaft betrieb zu Anfang der zwanziger Jahre massiv das Vorhaben, die Stückgutbeförderung einzustellen. Gegen den Widerstand der Anliegerorte wurde am 1. Juli 1928 der Stückgut- und im April 1932 der Wagenladungsverkehr aufgegeben. Lediglich die Kohlentransporte zum Elberfelder Wasserwerk blieben erhalten.

Pläne zur Aufrechterhaltung, ja sogar zum Bau reiner Güterstrecken bestanden bei der Bergischen Kleinbahn und später auch bei der Rheinischen Bahngesellschaft bis zum Ausbruch des Ersten Weltkriegs.

Unter anderem wurde 1912 bei den zuständigen Aufsichtsbehörden der Bau einer neuen Strecke beantragt, die beginnend in Hilden bei südlicher Umfahrung von Benrath am dortigen Rheinufer an der Fähre enden sollte. Hier war eine Umschlagstelle für Industriegüter aus dem Bergischen Land zur Verschickung mit Rheinkähnen geplant. Durch den Ausbruch des Ersten Weltkriegs kam die Verwirklichung dieser Pläne nicht zustande, und nach Beendigung des Krieges wurden sie auch nicht mehr weiter verfolgt.

Düsseldorf-Duisburger Kleinbahn und Kreis Mettmanner Straßenbahn

Mit der Genehmigung zum Bau und Betrieb der Düsseldorf-Duisburger Kleinbahn war auch eine Konzession zum Transport von Stückgütern erteilt worden, jedoch nicht die Errichtung von Gleisverbindungen zu den einzelnen Staatsbahnhöfen. Somit entfiel auch ein Wagenladungsverkehr, und durch diese Einschränkung ist ein Güterdienst auf dieser Strecke nicht zustande gekommen.

Bei der Mettmanner Straßenbahn bestanden Planungen zur Beförderung von Gütern durchaus; sie wurden jedoch nicht konkretisiert und später auch fallen gelassen.

Düsseldorfer Straßenbahn

Im Gegensatz zu den Kleinbahngesellschaften, die von Anbeginn an daran interessiert waren, auch Güter im Zwischenortsverkehr zu transportieren, war dies normalerweise nicht die Aufgabe einer städtischen Straßenbahn. Der Transport von Gütern innerhalb einer Stadt stand immer nur dann an, wenn hierzu eine Notwendigkeit bestand. Dies war insbesondere bei Kriegshandlungen der Fall, wenn die Unterbrechung des Warenhandels durch das Kriegsgeschehen zu Versorgungsmängeln bei der Bevölkerung führte. Die vielen Anschlüsse der Straßen- und Kleinbahnen untereinander und an die Staatsbahn trugen mit dazu bei, Industriebetriebe, Kraftwerke, Schulen und öffentliche Einrichtungen vornehmlich mit Heizstoffen, die Bevölkerung mit Lebensmitteln zu versorgen.

Im Jahre 1915 bildete sich in Düsseldorf eine Straßenbahn-Güterzug-Studien-Gesellschaft, deren Ziel es war, zu untersuchen, wie lebensnotwendige Güter innerhalb der Stadt transportiert und verteilt werden konnten; den Fuhrpark und das Personal, die vornehmlich andere Aufgaben zu erfüllen hatten, wollte man dabei nur wenig in Anspruch nehmen. Nach den Vorstellungen dieser Gesellschaft sollten Straßenbahntriebwagen Fuhrwerkskarren auf Vollgummireifen und mit Spurrollen versehen zu ihren Zielen ziehen. Über Erfolg oder Mißerfolg dieser Maßnahme ist nichts bekannt, doch ist die Beschaffung von fünf dieser Spurrollen-Fuhrwerke verbürgt.

Die Stadt Düsseldorf hatte im Jahre 1916 im Güterbahnhof Bilk eine Güterabfertigung mit Schuppen und Ladegleisen für Güterzüge ihrer Straßenbahn errichten lassen. Ein Anschlußgleis an die Staatsbahn in Bilk war schon 1914 für das Umladen von Kriegsverwundeten zum Transport in die Lazarette verlegt, im gleichen Jahr ein Straßenbahn-Güterbahnhof in Oberbilk errichtet worden. Mit Fortschreiten des Krieges entstanden weitere Gleisananschlüsse und Stichstrekken, so zum Güterbahnhof in Derendorf, zu den Glashütten in Gerresheim, zu der Lokomotivfabrik Hohenzollern und zu weiteren Industrieansiedlungen.

Zur Bewältigung des zunehmenden Güterverkehrs beschaffte die Düsseldorfer Straßenbahn eine Reihe zwei- und vierachsiger Waggons, die von Personentriebwagen aller Typen gezogen wurden. 1917 erwarb die Straßenbahn je einen zwei- und einen vierachsigen Gütertriebwagen sowie neun zweiachsige offene 10-t-Güterwagen. Ein offener 7,5-t- und vier weitere 8-t-Waggons waren schon 1915 in den Besitz der Düsseldorfer Straßenbahn gelangt.

Wie schon im Absatz „Güterverkehr der Rheinischen Bahngesellschaft“ beschrieben, war das Hauptbetätigungsfeld des Straßenbahn-Güterverkehrs in Düsseldorf der Kohletransport von der Friedrich-Heinrich-Zeche in Lintfort zu den Städtischen Elektrizitäts- und Gaswerken in Flingern. Da die 1920 gegründete Deutsche Reichsbahn infolge von Reparationsleistungen in der Nachkriegszeit nicht in der Lage war, diese Kraftwerke ausreichend mit Kohle zu versorgen, waren die Kohletransporte mit der Straßenbahn auch weiterhin bis zur Normalisierung des Eisenbahn-Güterverkehrs im Jahre 1925 notwendig. Hierzu erwarb die Städtische Straßenbahn 1919 noch einmal 25 zweiachsige offene 10-t-Güterwaggons.

Zur Aufgabe der Düsseldorfer Straßenbahn gehörte ab November 1916 bis zu Anfang der zwanziger Jahre die Aufnahme von sogenannten Suppentransporten. In diesem Zeitraum besorgten einige Großküchen die Versorgung der Mitarbeiter verschiedener Werke, Behörden und vor allem Bedürftiger in den Fürsorgestellen mit warmen Mahlzeiten. Die hierzu benötigten Essensbehälter und Suppenkessel wurden in Güterwagen zu den Empfänger hin und das Leergut wieder zu den Großküchen zurück transportiert. Auf dem linksrheinischen Gebiet der Stadt Düsseldorf besorgte dies die Rheinische Bahngesellschaft.

Nach Normalisierung der Lebensverhältnisse Mitte der zwanziger Jahre schrumpfte die Beförderungsleistung auf Düsseldorfs Straßenbahngleisen immer mehr, die Lkw-Konkurrenz machte sich schon bemerkbar. Dennoch konnte man mehrmals täglich Güterzüge beladen mit Kies oder Sand beobachten, die ihre Fracht zum Umschlagplatz auf der unteren Rheinwerft verbrachten. Landwirtschaftliche Produkte wurden ab Beginn der dreißiger Jahre nicht mehr befördert; ebenso wurde der Stückgutverkehr zum gleichen Zeitpunkt eingestellt. Die Güterbahnhöfe in Bilk und Oberbilk waren aufgegeben und die Stichstrecken abgebaut worden, doch die Güterzuggleise in der Altstadt und auf der Rheinwerft blieben erhalten.

Mit Ausbruch des Zweiten Weltkrieges 1939 war von neuem der Einsatz der Düsseldorfer Straßenbahn im Güterverkehr gefragt. Für den Transport der umfangreichen Materialien zum Bau von Hoch- und Kellerbunkern zum Schutz der Bevölkerung vor Fliegerangriffen entstanden in einigen Stadtteilen Stichstrecken zur Anlieferung von Baumaterial bis zur Baustelle. Nach Beendigung des Kriegs wurden diese wieder abgebaut. Wie schon im Ersten Weltkrieg hatte die Deutsche Reichsbahn in den letzten Jahren des Zweiten Weltkriegs Schwierigkeiten, Brennstoffe für die Düsseldorfer Stadtwerke herbeizuschaffen. So wiederholte sich das, was gut 25 Jahre zurück lag: Güterzüge der Straßenbahn versorgten Elektrizitäts- und Gaswerk, aber auch Industriebetriebe, die über keinen eigenen Reichsbahnanschluß verfügten, wieder mit dem wertvollen Brennstoff Kohle. Auch der Transport von Gemüse, Obst und Kartoffeln vom Großmarkt zu den Geschäften in der Stadt und zu den Krankenanstalten gehörte zu den Transportaufgaben im Krieg.

Zu den wichtigsten und zugleich letzten großen Aufgaben des Güterdienstes gehörte für die Düsseldorfer Straßenbahn nach Kriegsende 1945 die Beseitigung des Trümmerschutts aus der Altstadt und dem Innenstadtbereich. Hierzu wurde der Schutt u.a. mit Güterwagen, später mit Kippbeiwagen zur Rheinwerft gefahren und in Lastkähne abgekippt. In den Jahren 1947 und 1948 entstanden in eigenen Werkstätten 20 Seitenkipper, für die Fahrgestelle ausgebrannter oder zerstörter Straßenbahnwagen herangezogen wurden. Bis zur Beendigung der Schutträumung im März 1951 waren mit Hilfe der Straßen-Güterbahn 2,4 Millionen Kubikmeter Trümmerschutt beseitigt worden.

Der Transport von Sand und Kies durch die Düsseldorfer Altstadt zur Rheinwerft war noch gelegentlich bis Mitte der fünfziger Jahre zu beobachten. Danach besorgten dies bis zur Auflösung der Deponien zu Anfang der sechziger Jahre Lastkraftwagen. Im Zuge der Straßenerneuerungen begann abschnittsweise Ende der sechziger Jahre der Ausbau von Gleisen in der Altstadt wie auch in den Werftanlagen. Alle Gütertrieb- und -beiwagen wurden bis auf vier Seitenkipper, die dem Transport von Schotter zum Gleisbau dienten, zu Ende der fünfziger Jahre verschrottet.

Quellenverzeichnis

Gragt, F. van der: Tramways in the Rhein-Ruhr Aera of Germany, 1968.

Hendlmeier, W.: Handbücher der deutschen Straßenbahngeschichte, 1979 bzw. 1981.

Höltge, D.: Fahrzeuge Deutscher Straßen- und Stadtbahnen, 1981.

Höltge, D.: Die deutschen Straßenbahn-Gelenkwagen, 1983.

Jakobi, R., Zeh, D.: Die Geschichte der Düsseldorfer Straßenbahn, 1986 und zweite, nicht überarbeitete aber mit einem Nachtrag versehene Auflage im Jahre 1995.

Nolden, H.G.: Von der Überlandlinie D zur Stadtbahnlinie U 79, SM 95, 1995

Nolden, H.G.: Duisburgs Straßenbahnen, SM 85, 1992.

Pabst, M.: Taschenbücher deutsche Straßenbahn-Triebwagen 1 und 2, 1981/1982.

Prasuhn, P.H.: Die Düsseldorf-Duisburger Kleinbahn, Stadtverkehr 11/12, 1965.

Reimann, W.R., Frenz, E.: Die Bahnen des RWE, 1975.

Schild, A., Waltking, D.: Die Rheinbahn, 1981 und dritte überarbeitete Auflage 1996.

Wüst, S.: Die Schnellstraßenbahnlinie Düsseldorf – Krefeld, SM 40, 1981.

Zeh, D.: Als die Postkutsche verschwand, Heimat-Jahrbuch Wittlaer, 1984.

Hauptstaatsarchiv Düsseldorf: diverse Akten.

Stadtbibliothek Düsseldorf: Aufzeichnungen, diverse Broschüren

Stadtarchiv Duisburg: Aufzeichnungen, diverse Broschüren

Duisburger Verkehrsgesellschaft: 100 Jahre DVG, 1981.

Duisburger Verkehrsgesellschaft: Fahren auf neuen Wegen, 1992.

Rheinbahn-Magazin „Das Rad": 100 Jahre öffentlicher Schienenverkehr in Düsseldorf, 1976.

Kurzberichte aus: Blickpunkt Straßenbahn, Der Stadtverkehr, Straßenbahn-Magazin.

Meyers Konversationslexikon 1888 und 1889.

Reiseführer Düsseldorf, Polyglott 1990.

Stadtplan Düsseldorf.

Liniennetzpläne Bereich Düsseldorf, diverse Jahrgänge.

Bildnachweis

P. Boehm: 20o, 20u, 21o, 21u, 26o, 30o, 36, 55, 141;

W. Eckler/Slg. SäubDerlich: 72u;

Grünwald/Slg. G. H. Köhler: Vorsatz, 27, 29, 31o, 31u, 32u, 35, 59, 60o, 60u, 61, 62o, 62u, 66o, 66u, 68o, 68u, 78u, Nachsatz;

B. Kußmagk: 9, 10o, 10u, 11o, 11u, 12, 109u, 120o, 120u;

Landesbildstelle Rheinland: 137;

Hauptstaatsarchiv Düsseldorf: 24, 40l, 40r, 52;

H. Herrmann: 32o, 76o, 77o, 87, 88o;

G. H. Köhler: 131o;

Kraft/Slg. G. H. Köhler: 89, 95o, 131u;

H. G. Nolden: 18, 19o, 22, 25, 38o, 38u, 39, 41, 46, 56o, 57, 63, 142, 149, 150o, 156o; Streckenplanskizzen 28, 37, 44, 49, 70, 126;

E. Plefka: 2, 92u, 132, 135;

Price/Slg. G. H. Köhler: 75, 76u, 77m, 77u, 78o, 80, 82o, 129;

Rheinbahn-Archiv: 19u, 23, 26u, 53, 102, 122, 138o, 138u, 146, 147;

H. Säuberlich: 13, 15, 17;

Stadtarchiv Duisburg: 42, 43;

D. Waltking: 33, 97o, 97u, 100o, 100u, 101o, 101u, 104o, 104u, 108o, 108u.;

M. Wehmeyer: 112, 13o, 113u, 116o, 116u, 117, 124, 125, 128;

K. Wolter/Slg. Säuberlich: 72o;

Alle übrigen Aufnahmen stammen von P. Boehm/Slg. H. G. Nolden.

Stadtkarten Düsseldorf aus Mairs Geographischem Verlag, diverse Jahrgänge.

wäscht perfekt!
743